手把手教你绘制彩色数字昆虫

崔建新　耿书宝　刘润强◎著

沈阳出版发行集团

沈阳出版社

图书在版编目（CIP）数据

手把手教你绘制彩色数字昆虫 / 崔建新, 耿书宝,
刘润强著. -- 沈阳 : 沈阳出版社, 2024.3
ISBN 978-7-5716-3776-7

Ⅰ. ①手… Ⅱ. ①崔… ②耿… ③刘… Ⅲ. ①昆虫—
数字化制图 Ⅳ. ①Q96-39

中国国家版本馆CIP数据核字(2024)第007624号

出版发行：沈阳出版发行集团 ｜ 沈阳出版社
　　　　　（地址：沈阳市沈河区南翰林路 10 号　邮编：110011）
网　　　址：http://www.sycbs.com
印　　　刷：河北万卷印刷有限公司
幅面尺寸：185mm×260mm
印　　　张：19.25
字　　　数：370 千字
出版时间：2024 年 3 月第 1 版
印刷时间：2024 年 3 月第 1 次印刷
责任编辑：张　楠
封面设计：优盛文化
版式设计：优盛文化
责任校对：李　赫
责任监印：杨　旭

书　　　号：ISBN 978-7-5716-3776-7
定　　　价：98.00 元

联系电话：024-24112447
E－mail：sy24112447@163.com

本书若有印装质量问题，影响阅读，请与出版社联系调换。

序

中国昆虫已知种类约 12 万种，大多种类由国外学者命名。这些昆虫按照西方定义的所谓"科学学名"来命名，并由"国际动物命名法规"来规范其命名规则。这些规定俨然一个樊笼，严重制约着国人对昆虫进行规范的中文命名的过程。昆虫种类众多，门类复杂，形态结构各式各样，但对昆虫的描述和命名却始终局限在很小的分类范围内。这种情况不仅制约了我国昆虫分类学的发展，也大大影响了昆虫资源开发利用的进程。

关于昆虫的科学命名，始于卡尔·冯·林奈（Carl von Linné）的双名法，其实就是用两个独立的拉丁单词来表示昆虫的名称，前面一个拉丁单词相当于"姓"（就是属名，首字母需要大写），后面一个拉丁单词相当于"名"（首字母小写）。一个"姓"里面可有许多种昆虫，如"窄吉丁属"里面包括数千个种类。不同属里面的"种"的名称可以相同，但是由于属名不同，这些物种的名称不会混淆。1735 年是林奈的 *Systema Naturae*（《自然系统》）出版的年份，从这一年开始，所有的昆虫学名按照发表年代的先后享有优先使用的特权，当昆虫名称发生重叠，同一种被不同时代不同国别的科学家多次命名，或者一个名称被用于多个昆虫时，根据优先次序，使用最先命名的名称。另外，昆虫的"科学学名"在属名和种名之后，还可以加上"定名人的姓氏"和定名的年代。有的昆虫属的下面分不同的"亚属"（首字母也需要大写），有的种下面还可以分"亚种"。这样，一个昆虫的"科学学名"就包括属名、亚属名（通常会放到括号里面）、种名、亚种名、定名人、定名年代。有时其也可以简略为两个，即属名加上种名。这种简略的表达使得一般读者很难理解昆虫名称的变化。例如，熊蜂属，已知 500 多种，异名多达 3000 多个，这些废弃的异名大多是后人根据优先律将其判定为无效名称的。当然，如果出现新的有力的证据，废弃的异名还可以复活。所有这些复杂的规则，使得国人在理解昆虫的名称变动时，变得非常困难。由国外同行命名的中国昆虫占很大一部分，大约为80%，这些不同时代命名的"新种"的模式标本散布世界各地，核查这些模式标本的难度极大，不利于国人对昆虫名称的核对和校正。

昆虫本身的复杂性也远远超过一般人的想象。有的昆虫种类分为无性世代和有性世代。无性世代的个体，不分雌雄，形态相同，有性世代的个体分雌雄，这就使得成虫有3种形态。除了外生殖器结构的差异，大多数种类的昆虫的雌雄外部形态都存在或多或少的差异。另外，有的昆虫种类在不同季节形态不同，有的昆虫种类因寄主植物的不同而发生形态上和习性的分化，有的昆虫种类有不同的分工（如蜜蜂的蜂王、雄蜂和工蜂）。昆虫在不同发育阶段的形态差异巨大，其在卵、幼虫、蛹（仅完全变态昆虫才有）、成虫各个阶段的生活环境和习性迥异。很多种类的成虫完全无翅，而通常无翅的幼虫需要人工饲养到成虫才能准确地鉴定种类，蛹和卵的情况也类似。大概有80%的幼虫和95%以上的蛹和卵都无法辨认。凡此种种，亟须建立一个高清的、中文名称规范清晰的、随时可查的、免费的图片库来帮助国人认知不同的昆虫种类，进而认知其不同的虫态、寄主，了解其习性和对人类生产生活的影响。这些昆虫形态图需要训练有素的专门人才来绘制。

本书向读者详细介绍的绘图工作方法，不仅可以用于绘制栩栩如生的昆虫科普图像，更是一种严谨的生物识别和分类的工作方法。希望更多的年轻朋友，特别是中小学的小朋友和大学生朋友，多多了解这些可爱的小精灵，了解其绚烂的色彩、千奇百怪的形态和多变隐匿的生活方式。

昆虫不仅具有观赏价值，还有药用价值，昆虫是我国中药材资源的重要组成部分，是国家的战略资源。而弄清这些宝贵资源的分布、采集、繁育方法都离不开正确地辨识昆虫。希望这本书可以帮助更多的年轻人了解昆虫，进而尽快地参与到昆虫资源的保护和利用中去。

前　言

　　自媒体时代，各种昆虫摄影照片和视频图像资料在网络中大量传播，然而昆虫的中文名称十分混乱，对于大多数的普通人而言，根本没有办法区分众多的昆虫资讯孰对孰错、孰优孰劣。自然界中的昆虫有数百万种，对其中的每一种进行精确的形态结构描述与科学的命名是一项极为庞大的系统工程。对昆虫形态描述最有效的方法就是对其整体形态进行精确绘制，尽量合理地把更多分类特征融于总体形态图中，使得普通公众也可以正确地认知各种昆虫，也可以有机会在各自生活的地域对各类昆虫开展有价值的科学观察，并对其生物学规律进行科学记录，进而丰富人们的昆虫知识，提高全社会对昆虫资源的开发和利用水平，早日把我国建设成理想的生态友好型社会。

　　结合以往的昆虫教学科研经验，笔者编写了这本介绍昆虫数字绘图方法的教学参考书，本书编写的目的是通过详细讲解轮刺猎蝽的绘制过程，帮助人们掌握利用绘图软件绘制昆虫形态图的科学方法。由此及彼，为其他昆虫种类形态图的科学绘制提供参考，推进昆虫物种的命名研究工作。

　　本书共分为 12 章。绪论部分介绍了最新的数字绘图技术的技术特点，数字绘图技术对昆虫科学绘图领域的意义以及常用绘图软件和绘图辅助软件的安装方法。第 2 章至第 5 章介绍了轮刺猎蝽的触角和前、中、后足的绘制方法。第 6 章至第 7 章讲解了轮刺猎蝽体躯线稿、体色和斑块的绘制。第 8 至第 11 章介绍了轮刺猎蝽体躯由前端到腹末不同部位结构的细节刻画程。第 12 章介绍了绘制完成的图片的保存格式和方法。书末的附录部分介绍了 SAI 软件的基础使用技巧。

　　希望本书的出版可以帮助爱好昆虫的读者逐渐走入昆虫世界，能通过自己绘制的高清彩色数字昆虫图片与其他来自世界各地的昆虫爱好者交流各自的研究心得和成果，使得更多的人能够正确理解昆虫和人类的关系，并科学、合理、高效、可持续地开发和利用好这一宝贵的自然资源。

崔建新

2023 年 11 月 20 日

目　录

第 1 章　绪论 ·· 3

　　1.1　昆虫数字绘图的技术优势 ··· 4

　　1.2　软件安装与测试 ··· 4

第 2 章　触角的绘制 ·· 6

　　2.1　触角线稿的绘制 ··· 6

　　2.2　触角底色的添加 ··· 15

　　2.3　触角的衬阴 ··· 18

　　2.4　触角高光的表现 ··· 20

　　2.5　触角色斑的细化 ··· 22

　　2.6　触角刚毛的绘制 ··· 24

　　2.7　毛色的调整 ··· 25

第 3 章　前足的绘制 ·· 28

　　3.1　前足标尺的绘制 ··· 28

　　3.2　前足股节线稿的绘制 ··· 30

　　3.3　前足胫节线稿的绘制 ··· 30

　　3.4　前足底色的添加 ··· 37

　　3.5　前足衬阴处理 ··· 47

　　3.6　前足基节和转节色斑的细化 ··· 51

　　3.7　前足高光效果的表现 ··· 52

　　3.8　前足股节刺突图片补充采集与拼合 ·· 53

　　3.9　前足股节刺突细节刻画 ··· 60

3.10　前足胫节刺突的细化 ……………………………… 63

3.11　爪的细化 …………………………………………… 65

3.12　毛层的绘制 ………………………………………… 70

第 4 章　中足的绘制 ……………………………………… 72

4.1　中足线稿的绘制 …………………………………… 72

4.2　中足底色的添加 …………………………………… 77

4.3　中足基节透明斑的表现 …………………………… 86

4.4　中足股节细碎暗斑的表现 ………………………… 89

4.5　中足高光的表现 …………………………………… 90

4.6　中足毛层的绘制 …………………………………… 92

第 5 章　后足的绘制 ……………………………………… 95

5.1　后足股节原稿的拼接 ……………………………… 95

5.2　后足基节和转节的拼接 …………………………… 97

5.3　标尺图层的制作 …………………………………… 98

5.4　后足股节线稿的绘制 ……………………………… 101

5.5　后足胫节角度的调整 ……………………………… 103

5.6　后足胫节的绘制 …………………………………… 104

5.7　后足爪图像的补充采集 …………………………… 105

5.8　带标尺后足爪图片文件的制作 …………………… 107

5.9　复制后足爪及标尺的 2 倍放大 …………………… 108

5.10　后足爪和跗节图像的拼接 ……………………… 109

5.11　后足爪的绘制 …………………………………… 110

5.12　后足爪的复制 …………………………………… 111

5.13　后足的上色 ……………………………………… 113

5.14　后足刚毛的添加 ………………………………… 119

第 6 章　体躯线稿的绘制 ………………………………… 121

6.1　采集图片标尺的添加 ……………………………… 121

6.2　psd 格式虫体绘图文件的建立 …………………… 123

6.3　画像大小的调整 …………………………………… 125

6.4 画布大小的调整 ·· 125

6.5 头和前胸标尺的长度的校对 ························· 126

6.6 对称轴图层的建立 ··································· 128

6.7 前胸背板的摆正 ··································· 131

6.8 前胸背板摆正及对称的校验 ························· 133

6.9 头部的摆正 ····································· 136

6.10 头部和胸部线稿的绘制 ····························· 136

6.11 水平尺图层的建立 ································· 142

6.12 膜片翅脉的绘制 ··································· 144

6.13 附肢的组装 ····································· 146

6.14 图片的裁切 ····································· 149

6.15 画布的调整 ····································· 150

第7章 体色和斑块的绘制 ··································· 152

7.1 头部底色的添加 ··································· 152

7.2 头部黑斑上色 ···································· 153

7.3 头部橙斑的上色 ··································· 154

7.4 复眼底色填充 ···································· 156

7.5 单眼底色填充 ···································· 157

7.6 前胸底色的添加 ··································· 157

7.7 小盾片底色的添加 ································· 161

7.8 前翅的上色 ····································· 162

7.9 前翅爪片线稿的校对 ······························· 167

7.10 革片端斑的修饰 ·································· 167

7.11 小盾片端部淡斑的表现 ····························· 168

第8章 头部的刻画 ······································ 170

8.1 头部线稿的细化 ··································· 170

8.2 头部刺突的细化 ··································· 171

8.3 头部刺突的上色 ··································· 172

8.4 头部衬阴处理 ···································· 173

8.5 头端部色泽调整与修饰 ····························· 174

8.6 头部的高光 ·· 175

8.7 头部的反光 ·· 176

8.8 头部刺突的高光处理 ··· 177

8.9 复眼的衬阴与高光 ··· 178

8.10 单眼色泽的表现 ··· 179

8.11 毛的添加 ·· 180

8.12 头部细碎斑的表现 ··· 181

第 9 章　胸部的刻画 ·· 182

9.1 胸部线稿的细化 ··· 182

9.2 前胸底色的衬阴 ··· 190

9.3 前胸刺突的底色添加 ··· 192

9.4 前胸背板前叶碎斑的表现 ··· 193

9.5 前胸背板刺突刚毛的添加 ··· 194

9.6 前胸背板前叶高光的表现 ··· 195

9.7 前胸后叶刻点的观察 ··· 195

9.8 前胸轮廓线的修整及后叶刻点线稿的细化 ···································· 206

9.9 前胸背板后叶刻点的高光表现 ·· 209

9.10 前胸背板后叶刻点内的底色填充 ·· 210

9.11 前胸刻点底色的衬阴 ··· 214

9.12 前胸背板后叶刻点内的高光处理 ·· 215

9.13 脊突的表现 ··· 216

9.14 前胸背板前叶毛斑的添加 ··· 217

9.15 前胸侧缘和后缘刚毛的添加 ·· 218

第 10 章　小盾片和翅的绘制 ·· 220

10.1 利用钢笔图层曲线工具对体线稿的细化和更新 ···························· 220

10.2 细化小盾片和翅脉线稿 ··· 222

10.3 前翅的脉纹的细化 ··· 223

10.4 前翅衬阴处理 ··· 224

10.5 革片翅脉底色与衬阴 ··· 227

10.6 革片翅脉高光 ··· 228

10.7　前翅革片质感的表现 …………………………………… 229

10.8　革片高光的表现 ……………………………………… 231

10.9　革片细毛的表现 ……………………………………… 232

10.10　前翅暗区的黑斑及阴影的表现 ……………………… 233

10.11　前翅膜区翅脉的衬阴与高光 ………………………… 234

10.12　前翅膜质区域阴影与高光效果 ……………………… 235

10.13　小盾片色斑的细化 …………………………………… 235

10.14　小盾片 Y 型脊的衬阴和高光处理 …………………… 236

10.15　附肢和整体的色调平衡 ……………………………… 237

第 11 章　腹部的绘制 ………………………………………… 239

11.1　腹部侧接缘线稿的准备 ……………………………… 239

11.2　侧接缘线稿与猎蝽整体图的拼接 …………………… 245

11.3　侧接缘底色图层的制作 ……………………………… 253

11.4　侧接缘暗斑的表现 …………………………………… 254

11.5　侧接缘的衬阴和高光处理 …………………………… 255

11.6　腹部刚毛的添加 ……………………………………… 256

第 12 章　图片保存 …………………………………………… 258

12.1　常用图片文件的格式 ………………………………… 258

12.2　绘图过程中及时存盘的必要性 ……………………… 258

附录　SAI 软件的基础使用技巧 …………………………… 260

附录 1　画布大小的设定方法 …………………………… 260

附录 2　线条的绘制方法 ………………………………… 262

附录 3　刚毛的绘制方法 ………………………………… 265

附录 4　喷枪工具的使用方法 …………………………… 269

附录 5　选区操作和上色操作 …………………………… 270

附录 6　选色操作和颜色调整 …………………………… 275

附录 7　保持线条颜色一致的方法 ……………………… 283

参考文献 ……………………………………………………… 287

后　记 ………………………………………………………… 292

昆虫彩色数字

科学绘图基础与提高

第1章　绪论

昆虫数字绘图技术是昆虫科学绘图技术和动漫绘图技术相结合后产生的一种新的昆虫科学绘图技术，这种绘图技术出现的时间不超过 30 年。利用昆虫数字绘图技术可以绘制出图像细腻、色彩逼真的昆虫整体图和特征图，这种数字图像可以在电脑或手机屏幕上逐渐放大的同时，仍然保持很高的清晰度，这在表现昆虫的显微特征方面有很大的优势。众所周知，昆虫种类繁多，很多种类形态近似难以区分，由此造成非常突出的同物异名现象，即一种昆虫有多个学名的现象，也有相当数量的异物同名现象。利用高清的昆虫数字绘图，可以表现以往无法表现的昆虫的细节特征，是解决同物异名的一个出路。

利用高清的昆虫数字绘图可以有力地帮助昆虫学家在工作中进行种类鉴定，解决困扰昆虫学家已久的昆虫种类鉴定难题。昆虫种类鉴定是一项复杂的工作，通常情况下，需要利用昆虫实物标本，利用专业的分类检索工具书，才能准确地完成。由于互联网的迅速普及和手机显微摄影功能的不断开发，利用网络传输的昆虫图片进行科学鉴定的需求越来越大，但是鉴定准确的、带有模板性质的高清图片却很难找到，利用百度等搜索工具查到的昆虫图片参差不齐，并且混有大量的错误鉴定，这为昆虫科学知识的普及工作带来了一定困难。

对昆虫进行科学的命名和绘制结构清晰、特征突出的彩色昆虫整体形态图是推进昆虫研究工作的两个重要环节。在以往的昆虫命名工作中，很多昆虫研究人员仅凭昆虫的局部特征图就为其命名，或者仅用文字描述来记录不同的昆虫种类；昆虫科学家受文化、地域的限制，也只能使用各自的语言记录采自世界各地的昆虫标本。以上因素不可避免地造成了很多昆虫的同物异名和异物同名现象。只有对所有已知的和未知的昆虫种类进行彩色的整体形态图的绘制，才能一步一步解决昆虫名称使用混乱的问题。为此，笔者向普通读者介绍了彩色数字昆虫整体图的绘制方法和详细绘制过程，吸引热爱大自然的朋友参与认知各类昆虫精灵物种的科学过程。

1.1 昆虫数字绘图的技术优势

科学绘图主要以线条来造型，线条的质量直接决定了绘图的质量，在传统手绘中，想要画出完美的线条需要高超的技巧。而数字绘图使绘制线稿变得更加容易，即使没有绘画技术的人也可以借助矢量绘图软件轻松绘制出平滑的线条。绘图过程中最重要且最耗费精力的步骤是起稿，草稿决定了绘图的准确性，传统手绘通过网格纸或转描仪绘制草稿，不仅费时费力，还容易用眼过度。而借助显微摄像机则可以省去绘制铅笔稿的步骤，通过把数码照片或把摄像机采集到的实时图像作为底稿，可以直接在绘图软件中进行勾线。对于虫体上的毛、刺等结构，可以制作专门的笔刷进行绘制，能够极大地提升绘图速度。数字绘图过程中会产生很多图层，这些图层稍加调整便可以在绘制形态相近的昆虫时继续利用，这对提高昆虫绘图的速度有非常大的帮助。

与传统的昆虫绘图方法相比，利用数字绘图技术可以呈现不同昆虫的复杂色泽。利用数字绘图技术绘制昆虫可以节省绘图时间。数字绘图不需要传统水彩或油画绘图中的等待颜料变干的过程，另外还能直接进行后续补色，成倍地节省了时间。在细节刻画上，利用数字绘图技术几乎可以将昆虫的细节部位描绘至极致，在同样幅面下可以比传统画布表现出更为细腻的细节。数字昆虫绘图作品的修改极为方便。如果在绘图过程中出现笔误，只需点击撤回键，画错的地方便可以删除，从而最终形成一幅几近完美的作品。数字昆虫绘图作品的保存非常方便，可以通过文件复制生成多个备份文件。传统绘图通常需要巨大的仓库来保存画稿，数字昆虫绘图作品的存储则非常节省空间，通常只需要一个 U 盘，就可以将昆虫图片携带到任何地方，一个 128GB 的 U 盘可以存储上千张高清的昆虫数字绘图图片。数字昆虫绘图作品还有一个优点就是永不褪色，而传统的绘图作品难免因年代久远而逐渐褪色失真。

1.2 软件安装与测试

1.2.1 图像采集系统

利用带有工业相机的三目型生物显微镜，可以方便地对昆虫的各个局部特征进行拍摄。在拍摄过程中，拍摄者需要准确记录每张图片的放大倍数，并用刻度尺进行标注，同时记录图片的名称和拍摄角度，以便后期利用时可以随时核查昆虫标本。昆虫特征图片拍摄完成后，把存储卡上的原始图片复制到安装绘图软件的电脑上，核查拍摄记录后对每张图片进行重新命名。

1.2.2 绘图软件

本书主要介绍 SAI（Easy PaintTool SAI）的使用方法，在部分图片的处理过程中也会涉及 Photoshop 的使用。Photoshop 是常用的图像处理软件，但是这个软件对电脑的配置要求更高，需要更大的内存。SAI 的使用方法在本书讲授的绘图过程中会逐一体现。SAI 和 Photoshop 都是商业软件，使用时建议购买正版软件，便于升级，保证电脑系统的稳定性和兼容性。

1.2.3 绘图板

绘图板也叫数位板，市面上有多种品牌可供选择，读者也可根据自己的经济状况自行选购。绘图板的驱动程序可以按照说明在电脑进行安装。

1.2.4 SETUNA 屏幕截图软件

SETUNA 是一款免费的屏幕截图软件，可以在互联网上自行搜索下载。这款软件的优点是比较小巧，截图移动方便，当鼠标或绘图笔笔尖滑动到截图上后，截图会自行透明褪去，移走鼠标或绘图笔笔尖后，截图图像重新显示，便于随时在绘图过程中参考原始图片。

1.2.5 SAI 自动保存工具软件

SAI 的自动保存工具软件是一款免费软件，具有实用性。下载安装后，桌面生成程序启动小图标，名称为"SAI Auto Save Tool"。这个软件使用简单，启动 SAI 后，再双击这个可执行程序图标即可。其可以设定自动保存 SAI 使用过程的绘制图像文件的时间，例如，如果将时间设置为 5 分钟，那么每隔 5 分钟，正在绘制的图片文件会自动保存一次。在绘制图片过程中，由于需要数十或上百个图层，图片文件会非常占用内存，当内存占用达到 95% 以上时，电脑系统就会有随时崩溃的风险，及时保存能减少电脑系统崩溃时图片绘制工作的损失。

第2章 触角的绘制

2.1 触角线稿的绘制

打开 SAI 软件，打开提前在显微镜下用工业相机采集的轮刺猎蝽（以下简称"猎蝽"）的触角图片（图 2-1），也可以直接把该图片文件拖入 SAI 软件中部的操作界面。可以看到，SAI 软件的界面分为 4 个部分，中部的画布为主体，左侧为图层操作区，右侧为色板和绘图工具操作区，顶部为下拉对话框及图像显示功能键。

图 2-1 猎蝽触角

打开当初在采集触角图像时同时采集的标尺图像（图 2-2），用感应笔（数位笔）点击 SAI 界面右侧功能区的矩形选择工具，然后在标尺及放大记号外围拖画一个矩形框，在键盘上按下"Ctrl + C"键（+ 表示同时按下两个键）（图 2-3）。用感应笔点击操作界面下方的"触角 0.7.jpg"图片按钮，同时在键盘上按下"Ctrl + V"键，这时会形成一个新的图层，图层中包含复制的标尺图形。

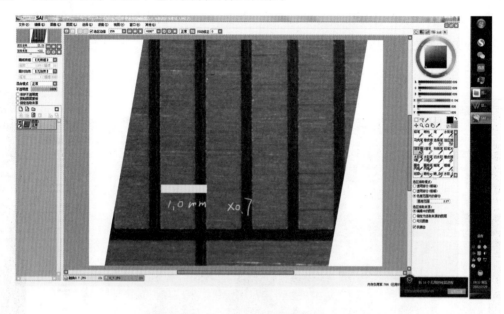

图 2-2　0.7 倍物镜下采集的标尺图像

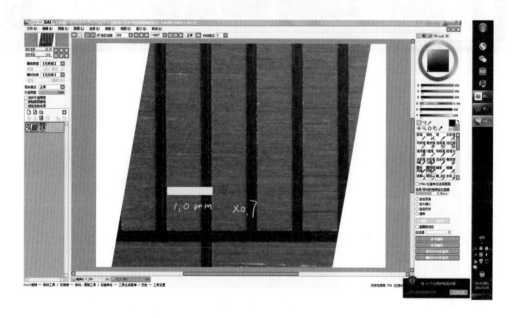

图 2-3　选择和复制标尺

用感应笔双击新建的图层，会自动弹出"图层名称"对话框，将其命名为"标尺

7

原图"，按"Enter"键确认（图2-4）。采用同样的方法，建立名称为"触角原图"的图层。再次点击"标尺原图"图层，用感应笔点击SAI界面右侧功能区的矩形选择工具，拉出一个矩形细框，并将框的长度精确到1mm，点击左侧图层功能区的"新建图层"，双击该图层，将其命名为"标尺"（图2-5）。点击右侧色轮左下角的黑色，把前景色改为黑色，用感应笔点击画布右侧的"油漆桶"工具，再用感应笔点击新做的1mm的矩形选区，矩形选区会被填充成黑色。

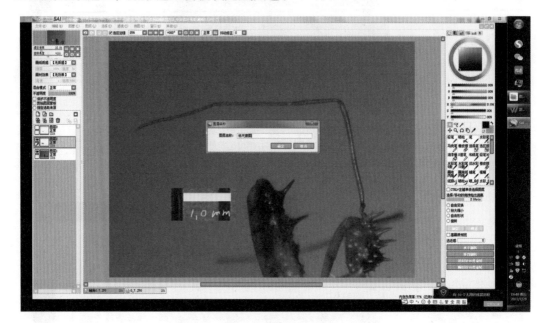

图2-4　图层的命名

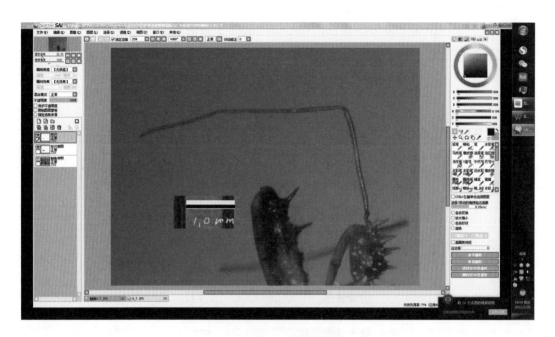

图 2-5 标尺的制作

点击"标尺原图"图层按钮左侧的"眼睛"图标,"眼睛"图标消失,该图层也被隐藏起来(图 2-6)。

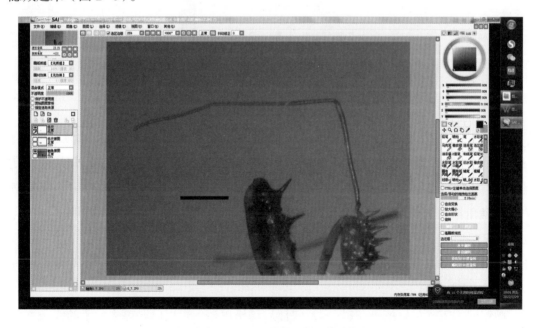

图 2-6 "标尺原图"图层的隐藏

点击画布左侧的"新建图层"按钮,双击并将其命名为"触角线稿"。注意此时

"触角线稿"图层按钮下方为浅蓝色，表示该图层处于激活状态。用感应笔点击画布右侧的"铅笔"工具，绘画模式选择"圆帽"，最大直径选择8像素，其余参数设置如图2-7所示。

图2-7　铅笔工具的参数设置

依照触角的外轮廓线，在"触角线稿"图层上准备描绘触角的轮廓线。按下"Alt+Enter"键，用感应笔在画布外侧滑动，把第1节触角调整为便于描摹划线的角度（图2-8）。如果第1节触角不在画布中央，可以按下"Enter"键，同时用感应笔把第1节触角拖到画布中央。点击画布左侧"触角原图"图层按钮，将不透明度调整为40%（图2-9）。再点击"触角线稿"图层，激活后，开始描绘触角的轮廓（图2-10）。绘图过程中，如果图像过小，可以按下"Ctrl+Enter"键，用感应笔点击几下即可随时放大图像（图2-11）。

画错的地方，可以按下"E"键，快捷启动橡皮擦，可以随时擦去画错的线条。也可以随时按下"Ctrl+Z"键，撤销前面的绘画操作。触角线稿的效果如图2-12所示。

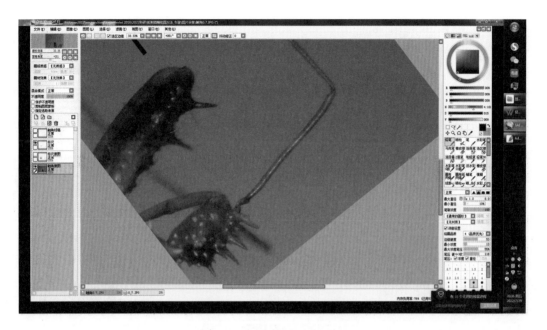

图 2-8　画布倾斜角度的调整

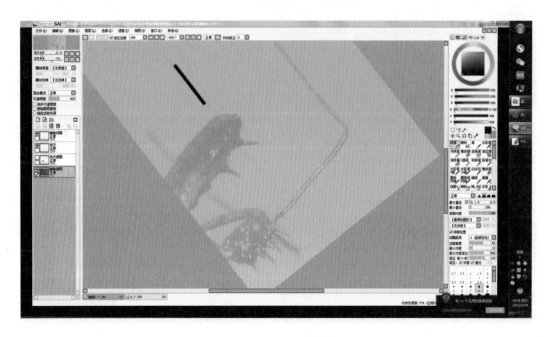

图 2-9　"触角原图"图层透明度降低的效果

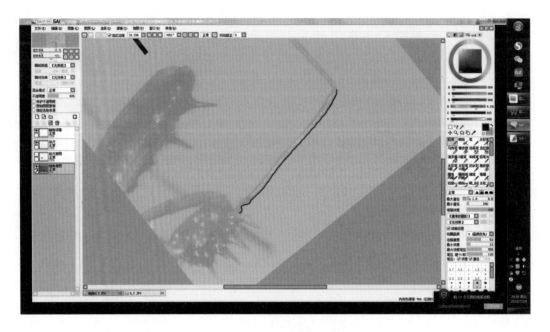

图 2-10　第 1 节猎蝽触角轮廓线稿的绘制

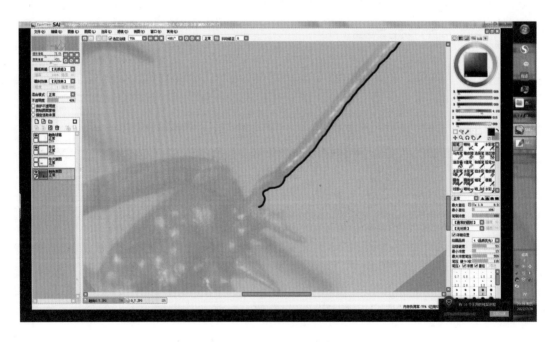

图 2-11　画布的放大效果

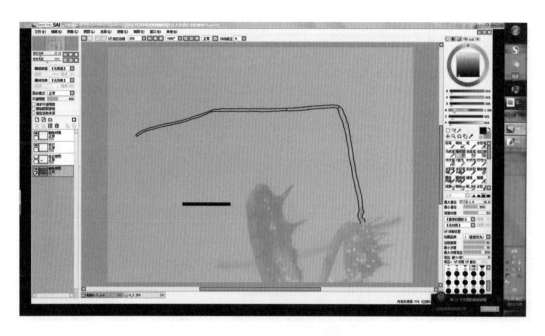

图 2-12 猎蝽触角线稿的绘制效果

点击画布上方的"文件"下拉框，选点"另存为"（图 2-13），在弹出的"保存图像"对话框中，把文件格式改为".psd"格式，点击保存（图 2-14）。这样，触角线稿的绘制就完成了。

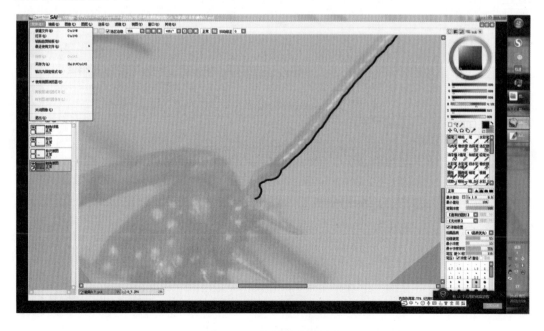

图 2-13 图片格式的转存

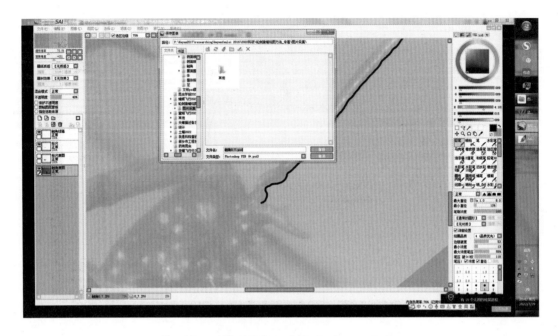

图 2-14　图片格式由 jpg 格式转存为 psd 格式

用感应笔点击"触角原图"图层左侧的"眼睛"图标，隐藏该图层。由于图像采集时各种因素的影响，特别是由于景深较浅容易造成的视觉偏差，需要在显微镜下仔细检查昆虫的触角，修改错误或不准确的地方（图 2-15）。

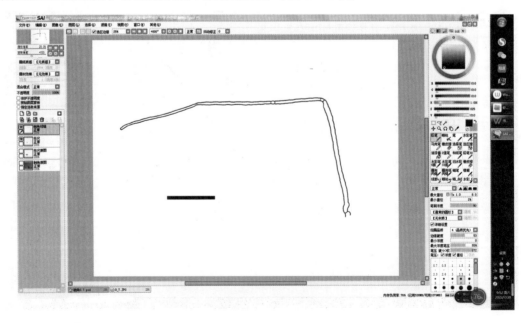

图 2-15　修正后的猎蝽触角线稿

2.2　触角底色的添加

新建"触角体色"图层（图 2-16），点击并激活"触角线稿"图层，用感应笔点击画布右侧操作面板上的"魔棒"工具，然后点击触角各节内部（图 2-17），当点击小的亚节内部时，可以先放大画布，按下"Ctrl+Enter"键，用鼠标点击几下，再用感应笔尖点击第 2 节、第 3 节、和第 4 节基部的亚节（图 2-18）。此时，被选中的部分都变为蓝色。

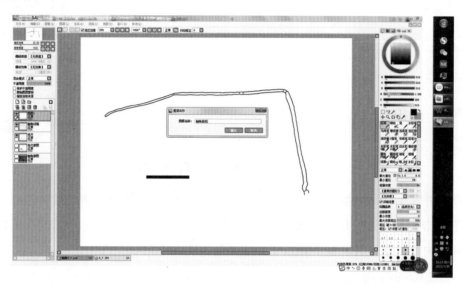

图 2-16　触角底色图层的建立

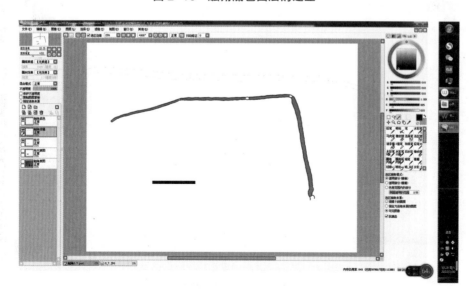

图 2-17　用魔棒工具制作猎蝽触角选区

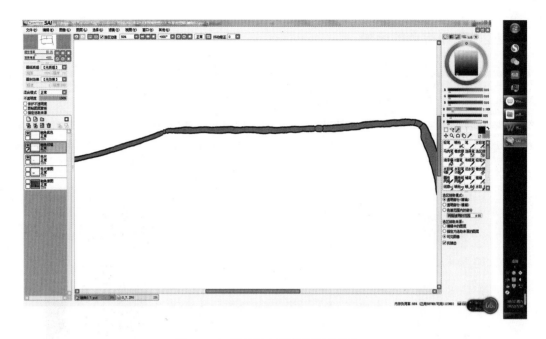

图 2-18　猎蝽触角亚节选区的添加

点击并激活"触角底色"图层，用感应笔点击画布右侧的"油漆桶"工具，再用感应笔点击色轮，选中红褐色为前景色（图 2-19），然后用感应笔点击制作好的"触角选区"内部的空白处，整个触角变为红褐色（图 2-20）。

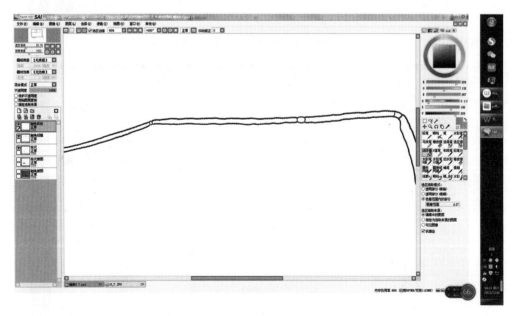

图 2-19　触角选区的制作

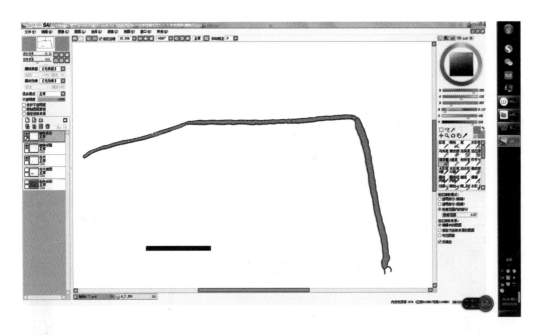

图 2-20　猎蝽触角选区的上色

　　注意这时触角周缘的闪烁线条，其表明选区还在被选状态。按下"Ctrl+D"键，选区周缘闪烁线段消失，完成触角底色的添加（图 2-21）。注意"触角基"没有作为触角选区的一部分，所以没有上色。

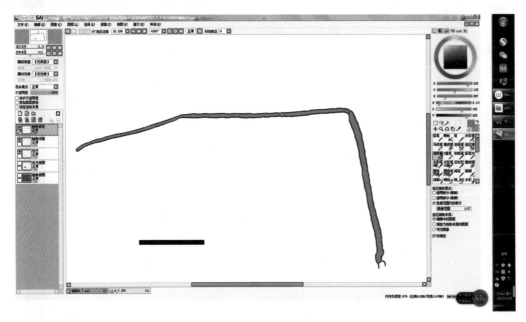

图 2-21　猎蝽触角底色的添加

2.3 触角的衬阴

新建"触角衬阴"图层（图 2-22）。点选画布左侧的"剪贴图层蒙版"按钮左侧的小方格，出现一个对号，此时"触角底色"图层按钮左侧出现 1 条红线，表明该图层已经成为"剪贴图层蒙版"（图 2-23）。此时，在剪贴图层蒙版上的所有的上色操作都不会超出下面的底色图层。

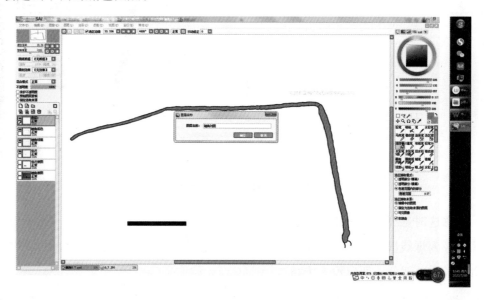

图 2-22　触角衬阴图层的建立

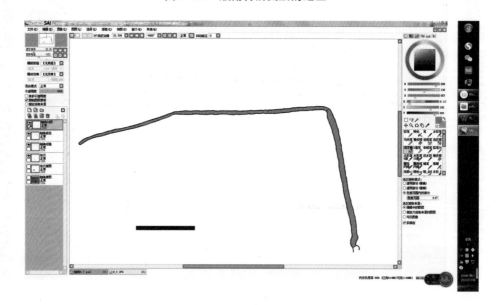

图 2-23　剪贴蒙版图层的建立

点击色轮上方的"自定义色盘"按钮，如图 2-24（a）所示。在前景色和背景色切换按钮上方出现一个有许多灰黑方格的色盘区，用鼠标右键点击最左上方的一个空白色样，在对话框中点选"添加色样"，如图 2-24（b）所示。这时的前景色被制作为一个新的色样，如图 2-24（c）所示。

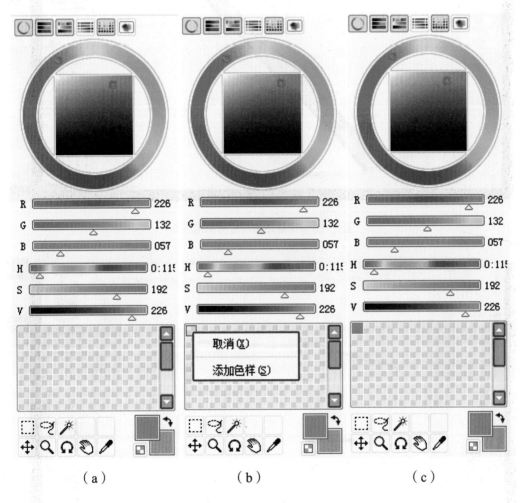

（a）　　　　　　　　　（b）　　　　　　　　　（c）

图 2-24　色样的制作

观察"HSV"滑块组的"V"滑块的数值，"V"值为 226，该数值表示前景色的明度值，代表颜色明暗的程度，数值越大表示颜色越明亮，数值越低表示颜色越暗。用感应笔向左拖动滑块，将数值改为 120。点击画布右侧的"喷枪"工具，此时的绘画模式选择"山峰"，最大直径选 100 像素，在触角柄节边缘进行喷涂。在喷涂过程中，可以随时按下"Alt+Enter"键进行画布选择，便于喷涂，还可以按下"Ctrl+Enter"键，放大画布，观察局部衬阴的效果（图 2-25）和衬阴的整体效果（图 2-26）。

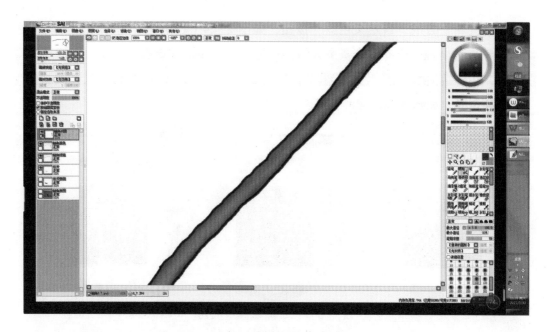

图 2-25　猎蝽触角局部衬阴的效果

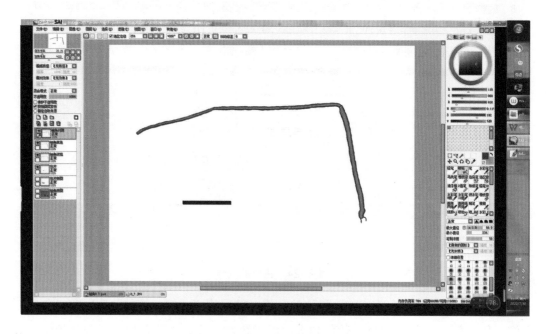

图 2-26　猎蝽触角衬阴的整体效果

2.4　触角高光的表现

建立"触角高光"新图层（图 2-27），点选"剪贴图层蒙版"左侧的空格，出现对号，表明该图层已经设置为"剪贴图层蒙版"图层，此时"触角高光"图层按钮左侧出现一条红色的竖线，表示该图层已经成为"剪贴图层蒙版"。用感应笔点击画布右侧的铅笔工具，笔尖形状选择"圆帽"，直径大小选 5 像素；再用笔尖点击色轮的白色位置，把前景色改为白色。在触角第 3 节和第 4 节中部添加纵向线条，表示高光位置（图 2-28）。在触角第 1 节和第 2 节添加高光线条时，把笔尖形状改为"矩形"笔尖，这时画的线条的边缘硬度较大，白色的高光线条和背景的底色及衬阴颜色的差距显著，表明这两节的高光效果更为强烈（图 2-29）。在显微镜下检查标本，触角第 3 节和第 4 节的毛被较为浓密，第 2 节的毛被较稀疏，第 1 节的刚毛也较少，且体壁较为光亮，反光强烈。

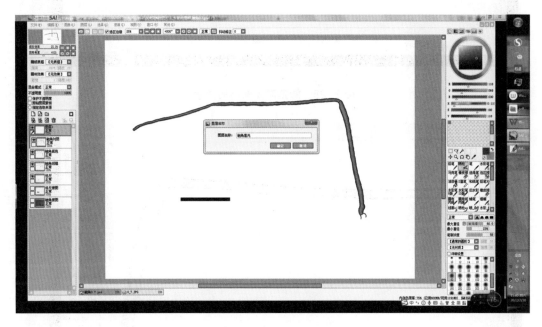

图 2-27　建立触角高光图层

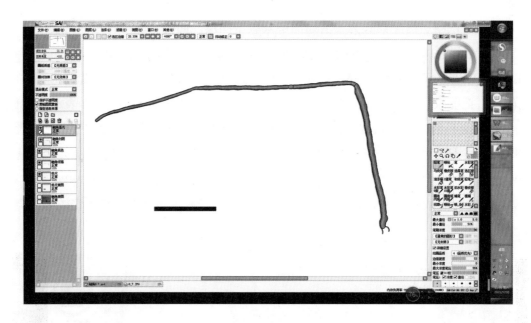

图 2-28 触角高光图层的效果

图 2-29 猎蝽触角高光线条的比较

2.5 触角色斑的细化

在实体显微镜下对触角逐节进行视觉检测，观察与底色不同的小型斑块的大小和位置。点击并激活"触角底色"图层，点击"新建图层"按钮，将其命名为"触角斑块"将其（图 2-30）。此新图层位置在"触角底色"上方，点击"剪贴图层蒙版"左侧的方块，使该图层变为"剪贴图层蒙版"。

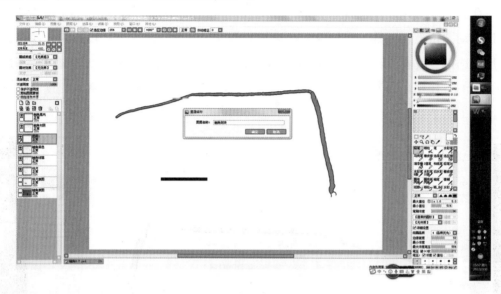

图 2-30 触角斑块图层的建立

用"喷枪"工具对触角第 1 节基部的暗斑及阴影区进行加黑处理，色泽在色盘上选择前面自定义的"红褐色"，然后把明度值降低到 100 左右。对触角第 1 节近中部的淡黄褐斑、第 2 节触角基部的亚节、第 3 节触角基部的亚节分别用喷枪喷涂，颜色在色轮上选取淡黄褐色，喷枪最大直径设置为 100 像素。触角色斑细化的效果如图 2-31 所示。

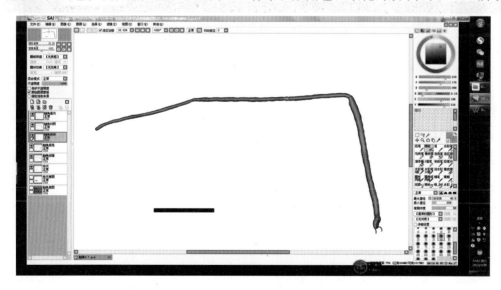

图 2-31 猎蝽触角斑块的细化效果

2.6 触角刚毛的绘制

点击"触角高光"图层，在其上方建立"毛"图层（图2-32）。按下"N"键，快捷启动"铅笔"工具，在色轮上点选黑色作为前景色，最大直径设置为6像素，笔尖形状选择"山峰"形，最小直径选择0%。绘制触角刚毛时，要在实体显微镜下进行视觉检测，仔细观察各节触角的长度、粗细、倾斜角度、稀疏或稠密的程度，逐节进行绘制（图2-33）。

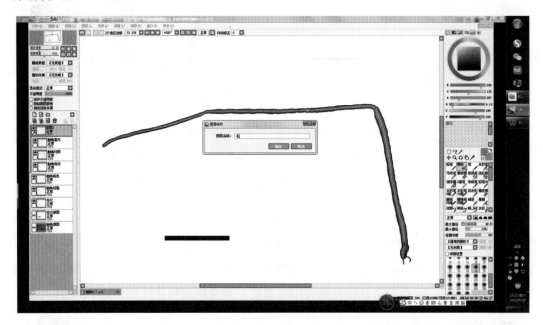

图2-32　触角毛层的建立

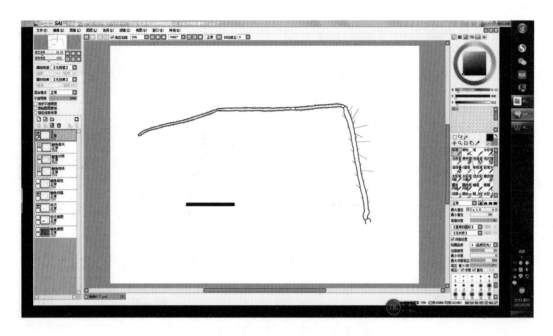

图 2-33　猎蝽触角毛层的绘制效果

2.7　毛色的调整

　　点选画布左侧的"保护不透明度"，在自定义色盘中选择第 2 个色样，即黄褐色色样，把明度值从 226 调整为 200，在画布右侧点击"喷枪"工具，最大直径选择 200 像素，喷枪笔尖形状选为"平帽"形，对触角边缘外伸的刚毛进行喷涂，此时只有刚毛的颜色会呈现淡褐色（图 2-34，图 2-35）。触角内部的刚毛颜色需要更淡一些，把明度值调整为 252，喷枪笔尖形状选择"山峰"形，对触角内部的刚毛进行喷涂。毛色的调整不仅要注意毛色深浅的变化，还要注意毛色和背景颜色要有一定的反差度，否则刚毛就会被背景色淹没，毛质也会发生改变。

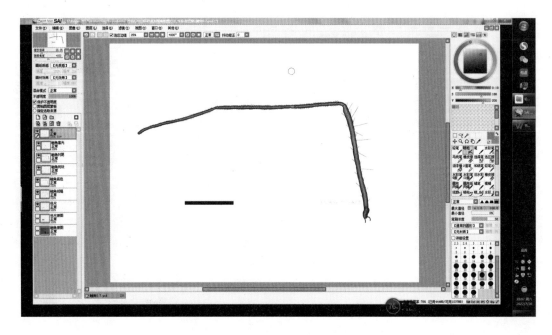

图 2-34　猎蝽触角刚毛毛色的调整

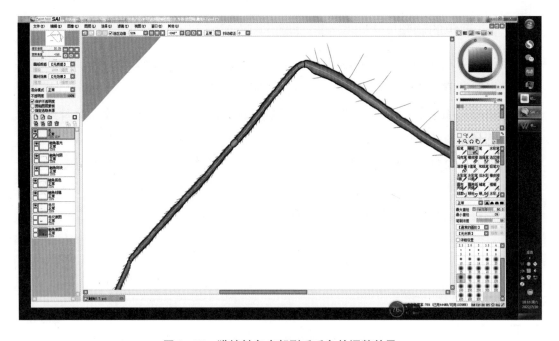

图 2-35　猎蝽触角内部刚毛毛色的调整效果

　　触角绘制完成后，按下"Ctrl+S"键，保存图片。同时，点击画布上方的"文件"下拉框，点击"另存为"，把文件格式改为".png"格式，这一格式会将所有可见图层进行合并，便于后续拼接整体图时使用（图 2-36）。

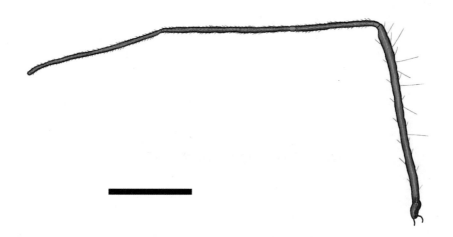

图 2-36　猎蝽触角的绘制效果

第 3 章　前足的绘制

3.1　前足标尺的绘制

打开 SAI 软件，点击"文件"下拉框，点击"打开图像"对话框（图 3-1）。从电脑的硬盘里找到提前拍摄的前足图片，用鼠标点击选中，然后点击"打开"。再打开在同一物镜倍数下拍摄的 0.7 倍的标尺文件。用感应笔点击画布右侧的矩形选择工具，把 1mm 标尺及文字注释选中，按下"Ctrl+C"键，对该选区进行复制。再点击画布下方的"前足 0.7.jpg"图片按钮，激活前足图片文件，按下"Ctrl+V"键，复制标尺，这时，原来的前足图像的图层上方会自动新建一个图层，复制的标尺即在其中（图 3-2）。双击该新建图层，将其命名为"标尺原稿"。双击原来的前足原稿图层按钮，将其命名为"前足原稿"。

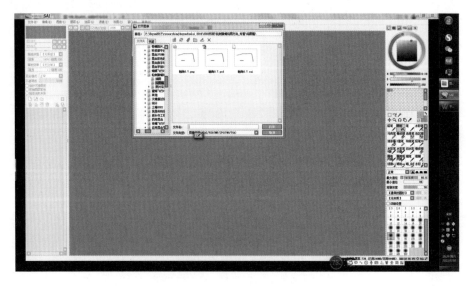

图 3-1　打开图像对话框

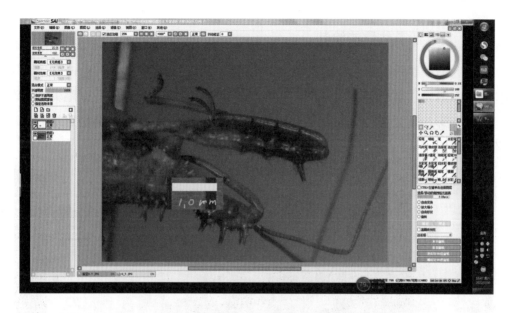

图 3-2　把标尺复制到前足图片中

　　点击画布右侧的矩形选择工具，精确地在标尺原稿图层中拉制一个矩形区域，点击"新建图层"，点击画布右侧的"油漆桶"工具，在色轮中点选黑色，然后用感应笔尖在新做的矩形选区中点一下（图 3-3）。这时，新建图层上的矩形选区颜色被涂为黑色，双击该新建图层按钮，命名该图层为"标尺"，此时标尺选区仍在激活状态，按下"Ctrl+D"键，取消选区。

图 3-3　标尺的制作

3.2　前足股节线稿的绘制

点击"标尺原图"图层按钮左侧的"眼睛"图标，隐藏该图层。点击新建图层按钮，将其命名为"前足线稿"。按下"N"键，快捷启动"铅笔"工具，笔尖形状设置为"圆帽"形，最大直径为 8 像素，颜色在色轮上选择黑色，把猎蝽前足基节的轮廓描绘出来（图 3-4）。

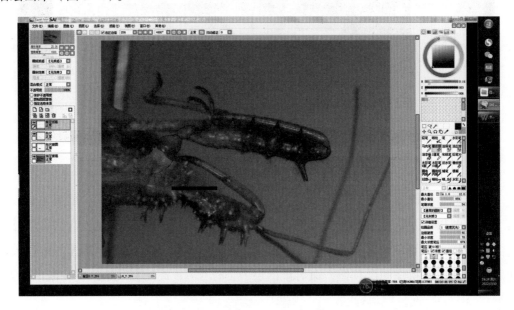

图 3-4　猎蝽前足基节轮廓的描绘

3.3　前足胫节线稿的绘制

点击"前足原稿"图层，激活后，点击画布上方的"图层"下拉对话框，点击"复制图层"（图 3-5），将其命名为"前胫原稿"。点击画布右侧的"套索"工具，把前足的胫节及其以下的跗节也都圈选起来（图 3-6）。

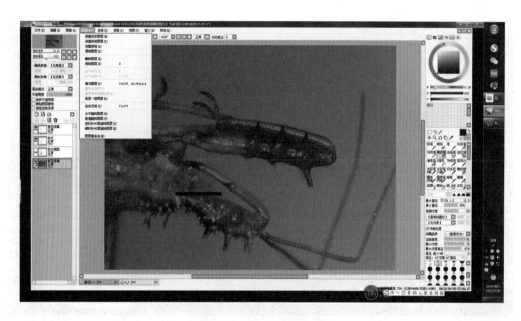

图 3-5　图层下拉对话框

图 3-6　用套索工具对猎蝽前足胫节及其以下的跗节进行圈选

　　点击画布上方的"选择"下拉对话框，选点"反选"，此时前足胫节以外的部分全部被选中（图 3-7），按下"Ctrl+X"键，进行剪除操作。隐藏前足原稿图层，前足胫节的原图效果如图 3-8 所示。点击"前胫原稿"图层，按下"Ctrl+T"键，对其进行自由变换（图 3-9）。

31

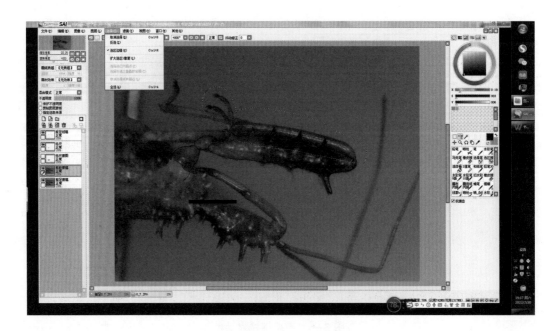

图 3-7　选择下拉框中的反选选项

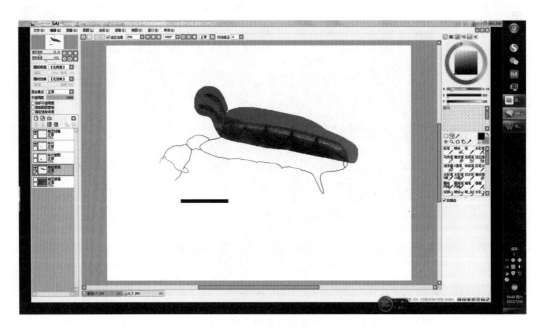

图 3-8　猎蝽前足胫节原图

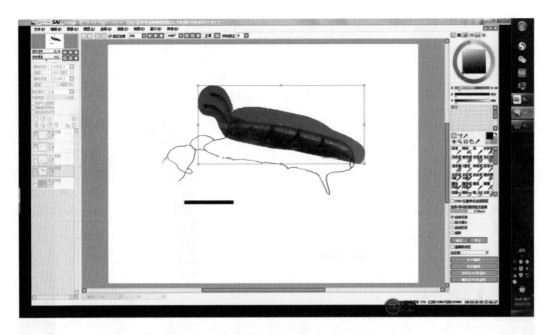

图 3-9　对猎蝽前足胫节进行自由变换操作

将感应笔笔尖移动到前足胫节自由变换选区的外侧，在数位板上拖动笔尖，前足胫节发生旋转（图 3-10），按下"Enter"键，确认自由变换结果。

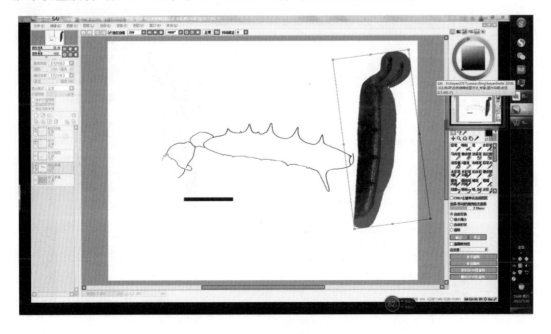

图 3-10　旋转猎蝽前足胫节

点击"图像"下拉对话框，点击"画布大小"（图 3-11），在弹出的"画布大小"

对话框中，把画布高度修改为"150%"，把定位中的白色方格点选在下方中部，这时有5个黑色箭头指向两侧和上方（图3-12），点击"确定"，画布就会变大（图3-13）。

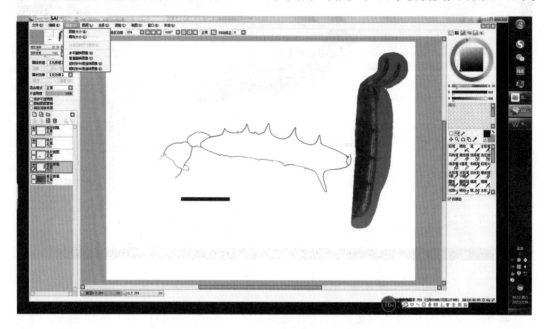

图 3-11　画像下拉对话框下拉菜单

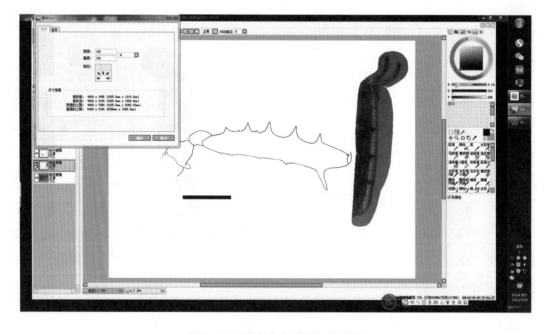

图 3-12　画布大小对话框的设置

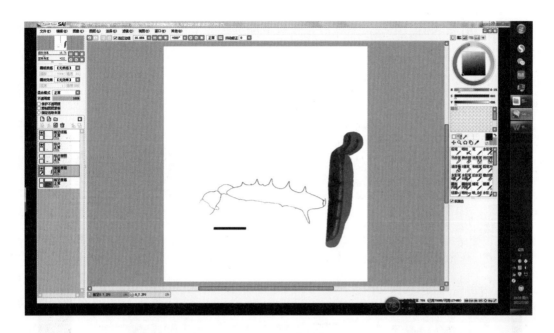

图 3-13　画布的放大

再次按下"Ctrl+T"键，进行自由变换操作，把前足胫节的基部和股节端部的残余线条进行拼接，使得外侧的线条轮廓精准对齐（图 3-14），胫节和股节的夹角在90°左右。按下"Enter"键确认自由变换结果。

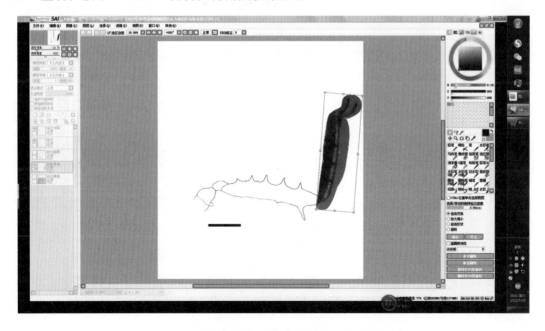

图 3-14　猎蝽前足胫节原图和股节线稿的对齐

点击"前足线稿"图层，激活后，在股节端部把胫节的轮廓描绘出来。隐藏"前胫原稿"，效果如图 3-15 所示。在"前足线稿"图层上方新建图层，将其命名为"前胫齿突线稿"。显示"前胫原稿"图层，在"前胫齿突线稿"图层上把胫节内侧的小型齿突描绘出来（图 3-16）。看不清的小齿突可以留到后期进行特征细化时处理。

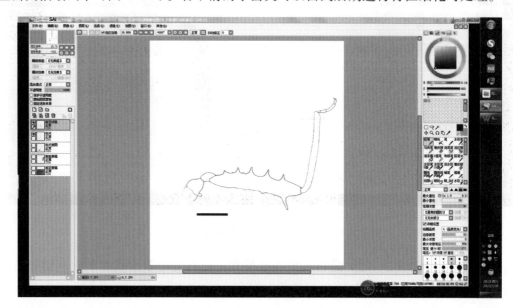

图 3-15　猎蝽前足线稿

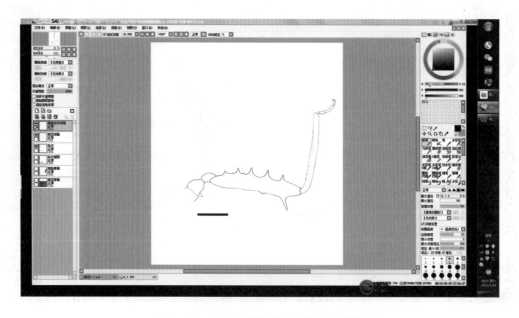

图 3-16　猎蝽前足胫节内侧齿突的描绘

3.4 前足底色的添加

启动 SETUNA 截屏软件，显示"前足原稿"图层，隐藏其他所有图层。用感应笔点击 SETUNA 操作界面中的"截取"按钮，感应笔笔尖变为"十字"形，将笔尖在画布上斜向划动，把前足部分包括在截屏图片中，然后用感应笔点击"前足"截屏图片，将其拖到画布的左上角（图 3-17）。

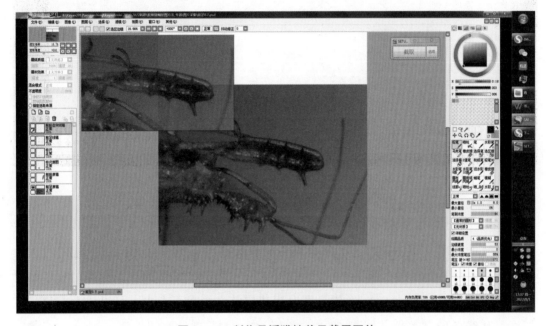

图 3-17 制作悬浮猎蝽前足截屏图片

点击"前足线稿"图层按钮左侧上方的白色方块，"眼睛"图标出现，显示出"前足线稿"图层。点击"前足原稿"图层按钮，将其激活后，调整画布左侧的不透明度，将不透明度值由 100% 改为 50%（图 3-18）。

观察前足的色调变化，确定底色为浅褐色。隐藏"前足原稿"图层，激活"前足线稿"图层。

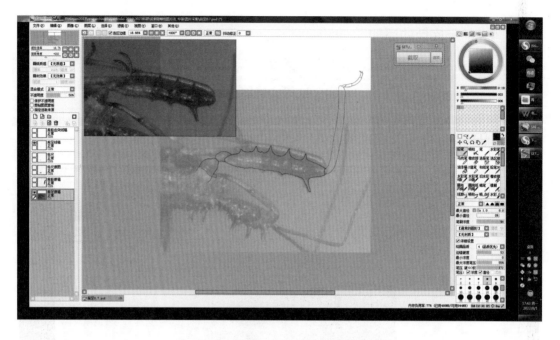

图3-18　降低猎蝽前足原稿的不透明度

用感应笔点击画布右侧的"魔棒"工具，然后用感应笔依次点击前足线条围成的封闭区域的内部（图3-19）。当某个部位的轮廓线条不能完全封闭时，蓝色的选区范围会扩大至整个画布（图3-20）。按下"Ctrl+Z"键，取消前一个操作，效果如图3-19所示。按下"Ctrl+Enter"键，同时用感应笔在画布上点击，可以放大前足，仔细检查其线条的完整性（图3-21），按下"Ctrl+D"键，取消选区，按下"N"键，快捷启动"铅笔"工具，把最大直径调为4像素，笔尖形状调为"山峰"形，颜色选择色轮中的黑色，把发现的缺口用铅笔工具补上。点击画布上方的"重置视图的显示位置"按钮，再次用感应笔点击画布右侧的"魔棒"工具，对前足的封闭线条内部依次点击，完成前足底色选区的制作（图3-22）。

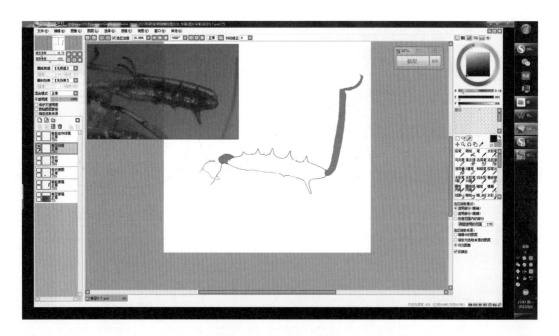

图 3-19 使用魔棒工具制作猎蝽前足底色选区

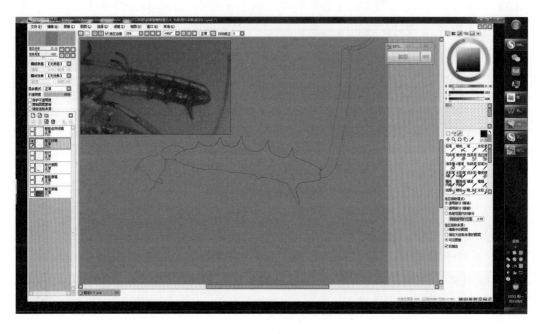

图 3-20 使用魔棒工具制作猎蝽前足底色选区时的选区弥漫

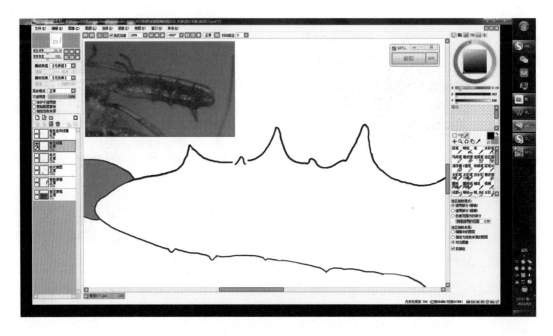

图 3-21 检查猎蝽前足轮廓线条上的缺口

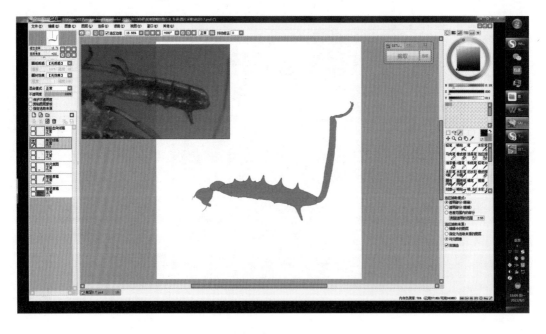

图 3-22 猎蝽前足底色选区的制作

　　用感应笔点击色轮中的浅褐色，从中选择与前足股节基部浅色区域最接近的颜色，点击画布左侧的"新建图层"按钮，把新建图层命名为"前足底色"（图 3-23），点击画布右侧的"油漆桶"工具，选区内部的蓝色消失，其轮廓线开始闪烁（图 3-24），在前足轮廓线的内部用感应笔点击一下，完成前足底色的添加（图 3-25）。如果对前足底色不满意，还可再次选色，然后点击前足内部填色。满意后，按下"Ctrl+D"键，取消选区。用鼠标点击"自定义色盘"，点选"添加色样"，把前足的底色色样保存在色盘第 3 个色样里，留待以后使用。

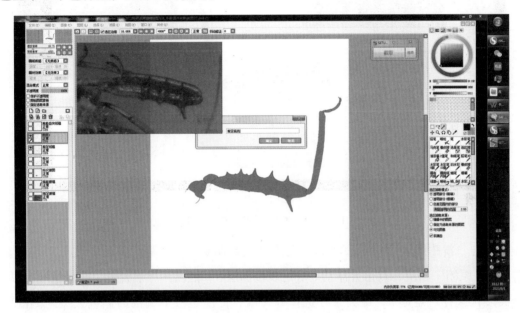

图 3-23　前足底色图层的建立

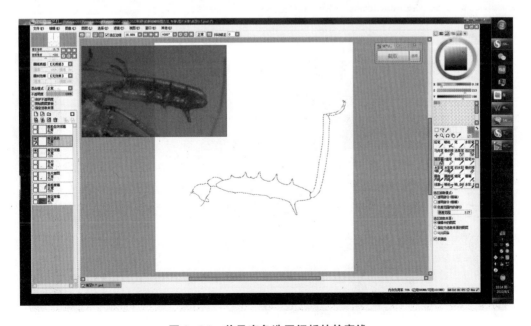

图 3-24　前足底色选区闪烁的轮廓线

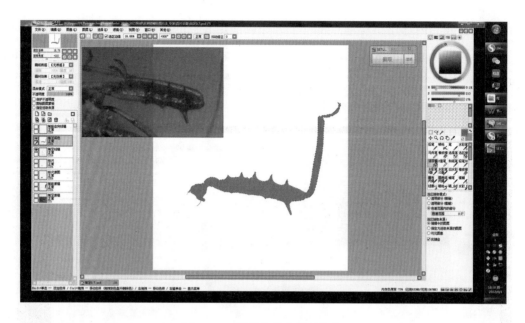

图 3-25　猎蝽前足底色的添加

　　点击"新建图层"按钮，将其命名为"前足暗斑"。隐藏"前足底色"图层，显露"前足原稿"图层，点击并激活"前足线稿图层"，点击画布右侧的"选择笔"工具，笔尖形状选择"矩形"，最大直径选择 6 像素，把前足股节端部的黑色大斑两侧的轮廓线画出（图 3-26）。点击画布右侧的"魔棒"工具，点击前足股节端部的黑色大斑轮廓的内部，完成暗斑选区的制作（图 3-27）。

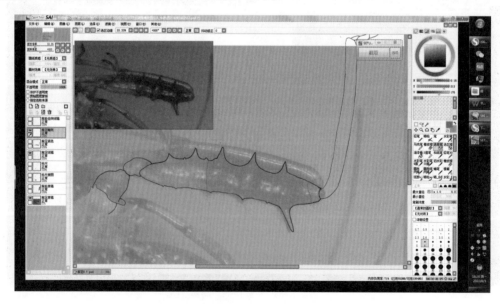

图 3-26　利用选择笔绘制猎蝽前足暗斑的轮廓

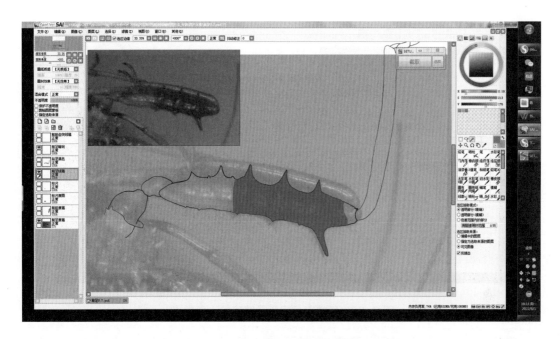

图 3-27　猎蝽前足股节暗斑的选区制作

点击激活"前足暗斑"图层，点击画布右侧的"油漆桶"工具，颜色在色轮中选择暗褐色，用感应笔在暗斑选区的内部点击，完成前足股节暗斑的上色（图 3-28）。按下"Ctrl+D"键，取消选区。显露"前足底色"图层（图 3-29）。

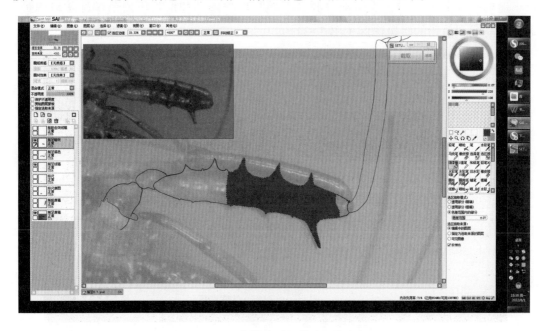

图 3-28　猎蝽前足股节暗斑的上色

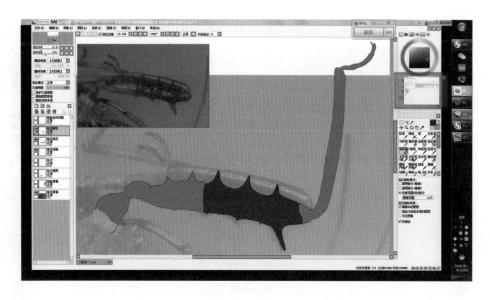

图 3-29　猎蝽前足底色及暗斑的上色效果

　　隐藏"前足原稿"图层，隐藏"前足底色"图层。显示"前胫原稿"图层，把不透明度由 100% 降低为 50%。点击画布右侧"选择笔"工具，最大直径为 6 像素，笔尖形状为"矩形"，参考前足悬浮截屏图像，在胫节亚端部，及端跗节中部各画 1 条线（图 3-30）。隐藏"前胫原稿"图层，显示并激活"前足线稿"图层，用感应笔点击"魔棒"工具，然后再点击前足胫节端部暗斑块内部和前足端跗节端部暗斑内部，制作出前胫和前跗的暗斑选区（图 3-31）。

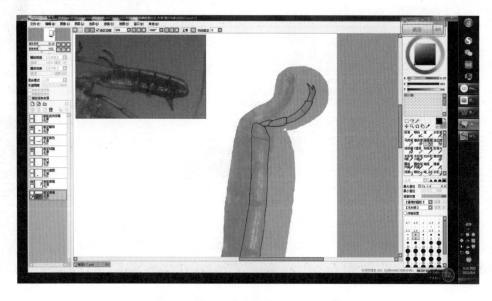

图 3-30　猎蝽前足胫节端部和跗节端部的暗斑选区制作 I

44

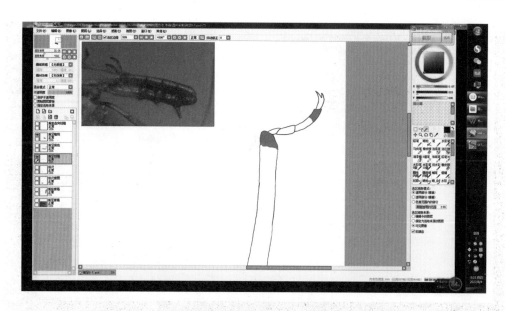

图 3-31　猎蝽前足胫节端部和跗节端部的暗斑选区制作 II

点击画布右侧"吸管"工具，在前足股节端部的暗斑上点击一下，进行取色操作，前景色变为前足暗斑的颜色，用鼠标右键点击"自定义色盘"第 4 个空白色样，点选"添加色样"。用感应笔尖将"HSV"滑块组的"V"滑块向右移动，数值由原来的108 改为 148，提高前景色的明度。点击画布左侧的"新建图层"按钮，将其命名为"前胫跗斑"（图 3-32）。用感应笔点击"油漆桶"工具，点击前足胫节端部和跗节端部的暗斑选区进行填色（图 3-33）。按下"Ctrl+D"键，取消选区。

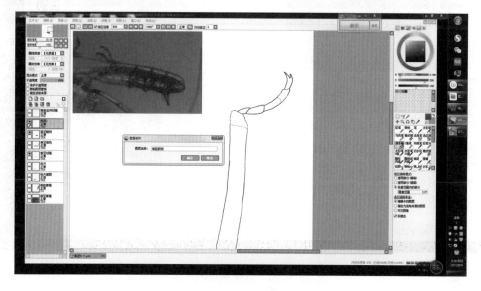

图 3-32　建立"前胫跗斑"图层

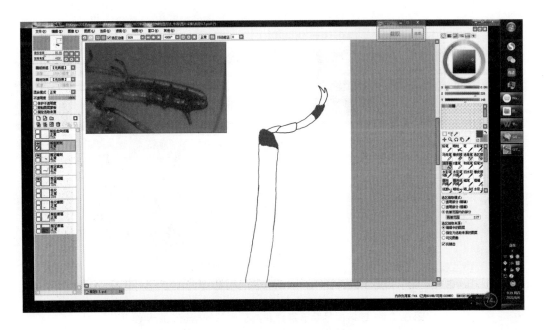

图 3-33　猎蝽前足胫节端部和跗节端部的暗斑选区的填色

隐藏"前胫跗斑"图层，在"前胫跗斑"图层上方建立"爪斑"图层，完成"爪斑"图层的上色（图 3-34），注意爪斑的色泽比前足股节的色斑明度更暗，明度值可由 108 改为 80。

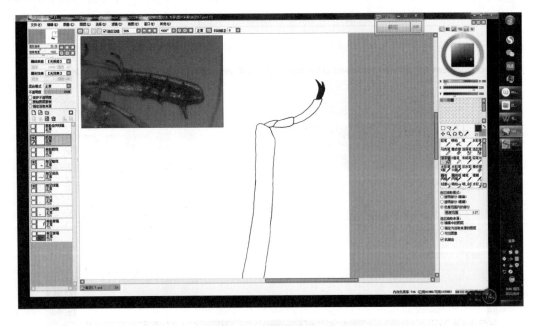

图 3-34　爪斑图层的上色

　　点击画布上方的"重置视图的显示位置"按钮，显示"前胫跗斑"图层和"前足底色"图层，前足色斑效果如图3-35所示。同时，在自定义色盘第5个空白色样中，保存前爪颜色色样。

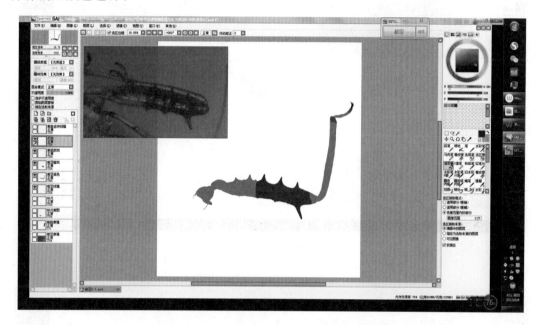

图 3-35　猎蝽前足斑块显示效果

3.5　前足衬阴处理

　　点击"前足线稿"图层，将其移动到"爪斑"图层上方。点击"前足底色"图层，点击"新建图层"按钮，将其命名为"前足底色衬阴"。点选"前足底色"图层的色样，将明度值由176调整为140，点击"喷枪"工具，最大直径选择400像素，笔尖形状选择"山峰"形，在前足各节边缘部位进行喷涂。按下"Alt+Enter"键，在数位板上滑动笔尖，旋转前足股节，以右手执笔为例，将前足股节倾斜至顺手角度（图3-36）。在前足股节基部边缘进行喷涂，最大直径视情况而定，可以调整（图3-37）。在画布左侧点选"剪贴图层蒙版"，此时，"前足底色衬阴"图层按钮的左侧会出现1条细的红色竖线，表明此图层成为其下方"前足底色"图层的"蒙版图层"，这时在"前足底色衬阴"图层上的衬阴喷涂斑块不会超出底色限定的范围（图3-38）。继续对前足其他各节的边缘进行喷涂，完成前足的衬阴处理。对胫节的喷涂，可随时进行画布旋转操作，笔尖最大直径可以随时按"["键缩小，或按"]"键放大，由于前足胫节较股节细，喷枪最大直径可调整为120像素（图3-39）。

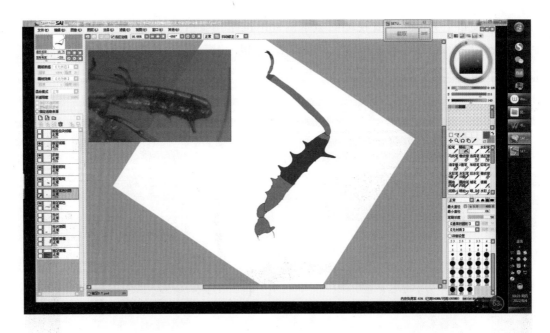

图 3-36　旋转画布效果

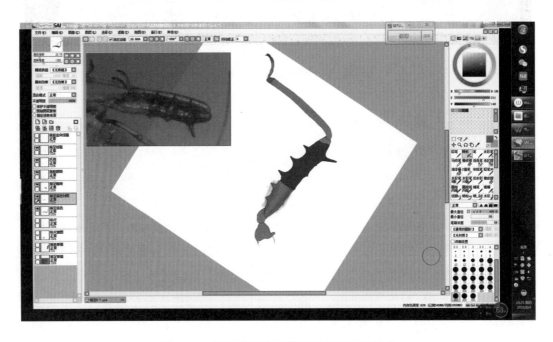

图 3-37　猎蝽前足股节基部的衬阴初步效果

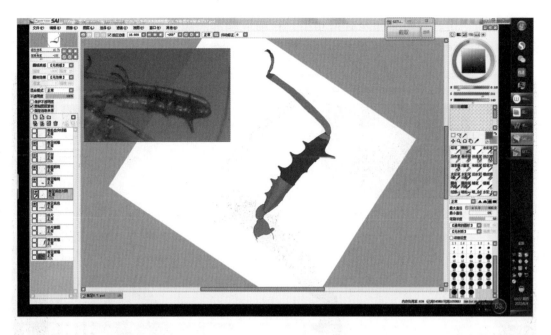

图 3-38　剪贴图层蒙版的效果

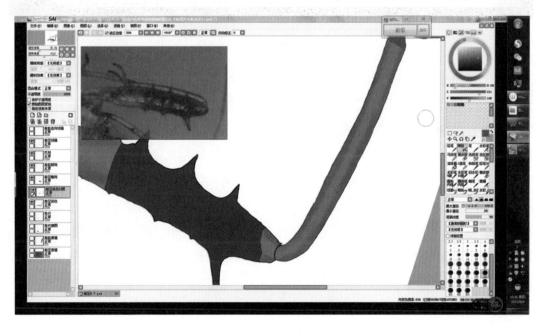

图 3-39　猎蝽前足胫节的衬阴

点击并激活"前足暗斑"图层，点击"新建图层"，将其命名为"前股暗斑衬阴"，点选"剪贴图层蒙版"，点击色盘中预留的前股色样，把前景色的明度值由 108 改为 70，点击"喷枪"工具，笔尖形状选择"平帽"形，最大直径设置为 400 像素，按下

"Alt+Enter"键，旋转画布至合适角度，在前股端部黑斑边缘进行喷涂（图 3-40）。双击"前足暗斑"图层，将其重新命名为"前股暗斑"。

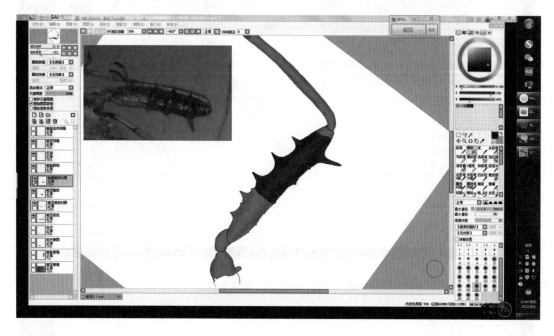

图 3-40　猎蝽前股暗斑的衬阴

按上述操作步骤，还可以对前足胫节端部和端跗节端半的暗斑、爪斑进行衬阴处理。激活"前胫跗斑"图层，点击"新建图层"按钮，将新图层命名为"前胫跗斑衬阴"，按下"Alt"键，将笔尖变成"吸管"工具，在跗节端部暗斑上点一下取色，此处暗斑未留存色样，明度"V"值为 148，用感应笔向左拖动滑块，把"V"值调整为 108，按下"B"键，快捷启动"喷枪"工具，笔尖调整为"山峰"形，直径调整为120 像素，喷涂衬阴。激活"爪斑"图层，建立"爪斑衬阴"图层，选择色盘中预留的爪斑的色样（明度值为 80），将明度值调整为 60，点击"B"键，启动"喷枪"工具，调整笔尖大小调整为 60 像素，其他不变，对爪斑边缘进行喷涂。足端部的衬阴效果如图 3-41 所示。

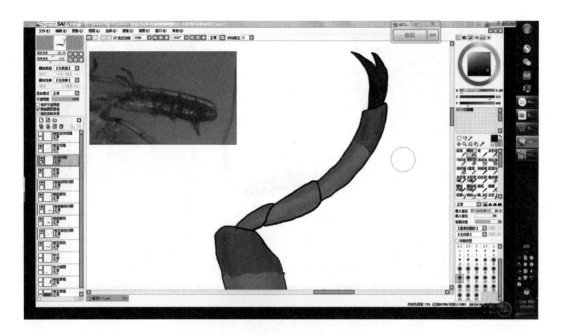

图 3-41　猎蝽前足端部的衬阴效果

3.6　前足基节和转节色斑的细化

再次点击画布上方的"重置视图显示位置",结合悬浮截屏前足的图像,核查前足色斑的表现。隐藏其他图层,仅保留"前足线稿"图层和"前足原稿"图层,点击"选择笔"工具,最大直径选 6 像素,在前足基节基部和前足转节端部画出暗斑轮廓,点击"魔棒"工具,制作前足基节和转节的暗斑选区。点击"前股暗斑"图层,在色轮上选择红褐色,点击"油漆桶"工具,在上述暗斑选区内上色,隐藏"前足原稿"图层,显露前足其他上色图层(图 3-42)。

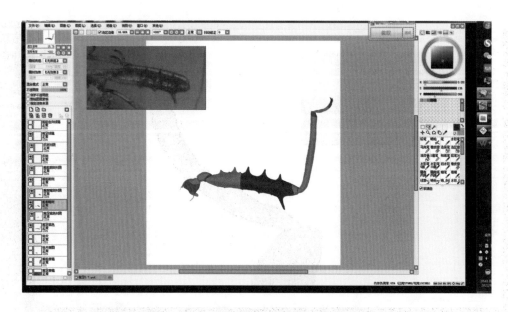

图 3-42　猎蝽前足基节和转节暗斑的细化

3.7　前足高光效果的表现

用感应笔点击"爪斑衬阴"图层，点击"新建图层"，将其命名为"高光"。按下
"N"键，快捷启动"铅笔"工具，笔尖形状选择"山峰"形，最大直径为 252 像素。
颜色在色轮上点选白色。结合实体显微镜的视觉检测情况，绘出高光效果（图 3-43）。
笔尖最大直径在胫节和跗节，其可以调节为 120 像素或 60 像素。

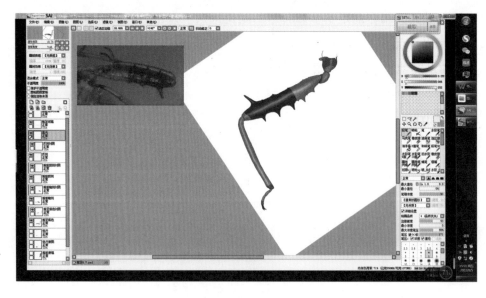

图 3-43　猎蝽前足高光效果

3.8　前足股节刺突图片补充采集与拼合

启动"Photoshop"软件，点击"文件"下拉框，点选"脚本 – 将文件载入堆栈"（图 3-44），导入补充采集的前足股节腹面照片（图 3-45）。按下"Shift"键，同时用鼠标点击画布右侧的最后一个图层，从而将所有图层全部选中（图 3-46）。此时共有 6 个图层被选中。点击"编辑"下拉框，点选"自动对齐图层"（图 3-47），在弹出的"自动对齐图层"对话框中，点选"拼贴"，点击"确定"。点击"编辑"下拉框，点选"自动混合图层"（图 3-48），在弹出的"自动混合图层"对话框中，混合方法点选"全景图"（图 3-49）。

图 3-44　启动 Photoshop 软件的图片堆栈处理

图 3-45　导入 6 个猎蝽前足股节刺突序列图片

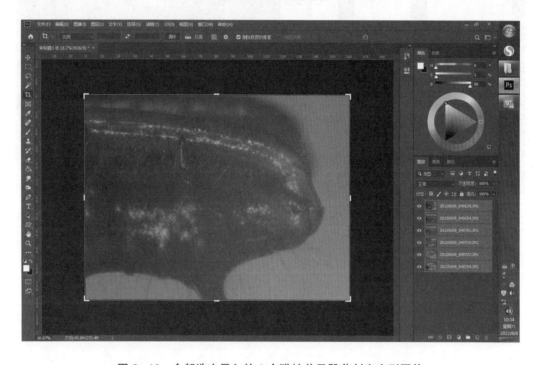

图 3-46　全部选中导入的 6 个猎蝽前足股节刺突序列图片

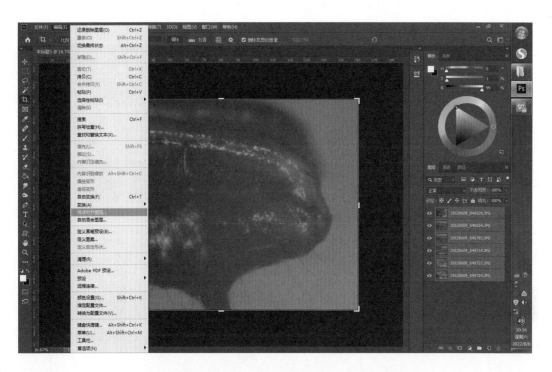

图 3-47　将同时选中的 6 个前股刺突细节图片自动对齐

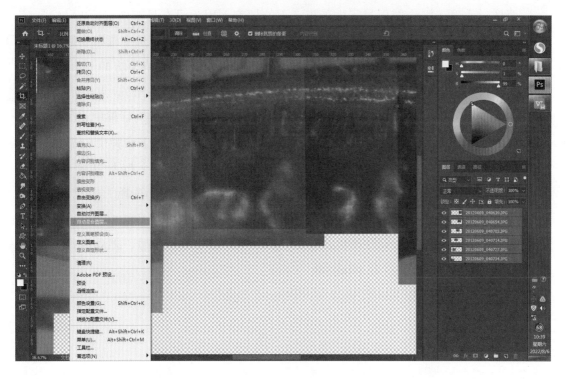

图 3-48　对已经对齐的 6 个猎蝽前足股节刺突细节图片启动"自动混合图层"

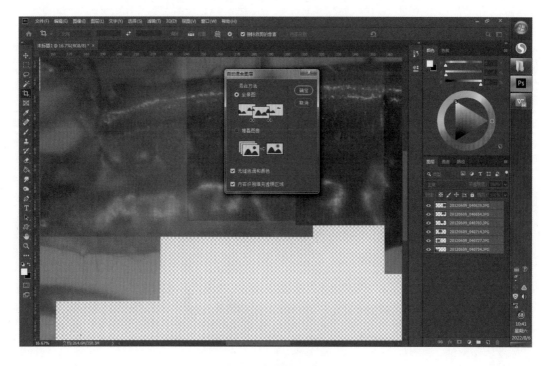

图 3-49　全景图混合处理

　　图像过大时，混合图层过程中弹出"不能填充，因为没有足够内存（RAM）"对话框（图 3-50）。这时，点击对话框中的"确定"按钮，然后，选中画布右侧的"发黑"的残余图层，仅保留第 1 个混合图层（图 3-51），点击画布右下方的"删除图层"按钮，点击后，会弹出"是否要删除选中的图层"对话框（图 3-52），点击"确定"。点击"文件"下拉框，点击"存储为"（图 3-53），在随后弹出的对话框中将另存的文件命名为"前股腹侧拼合 .psd"，点击"保存"（图 3-54）。此时，又会弹出"格式选项"对话框，默认格式为"最大兼容"，可直接点击"确定"（图 3-55）。按下"Ctrl+D"键，取消选择。打开"3.0 倍标尺 .jpg"文件，点击画布左侧的"矩形选择工具"，在标尺上拉一个细长的矩形，包括整个标尺的长度（图 3-56）。按下"Ctrl+C"键，点击画布上方"前股腹侧拼合 .psd"图标，按下"Ctrl+V"键（图 3-57），把画像长度缩小50%，另存为"前股腹侧拼合 small.jpg"。

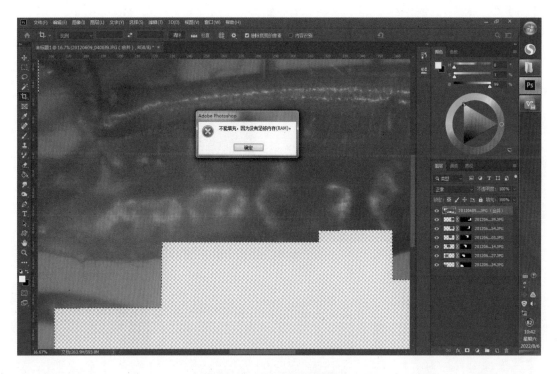

图 3-50　内存不足的提示

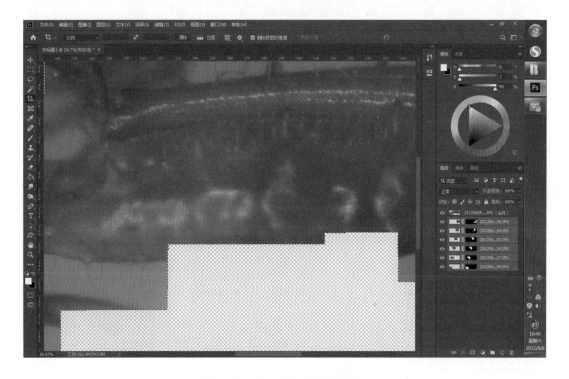

图 3-51　拼合后残余图层的选中

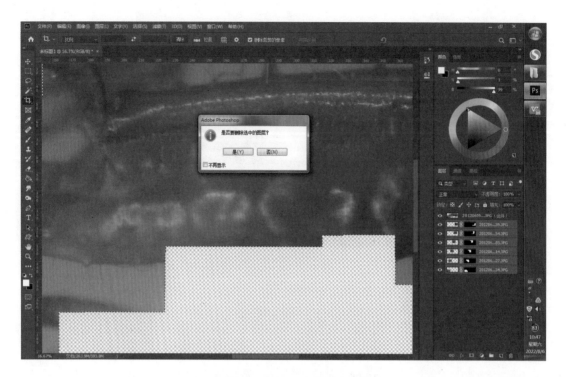

图 3-52　确认对拼合后残余图层的删除

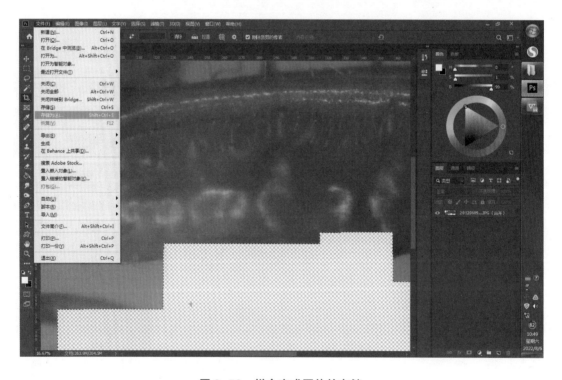

图 3-53　拼合完成图片的存储

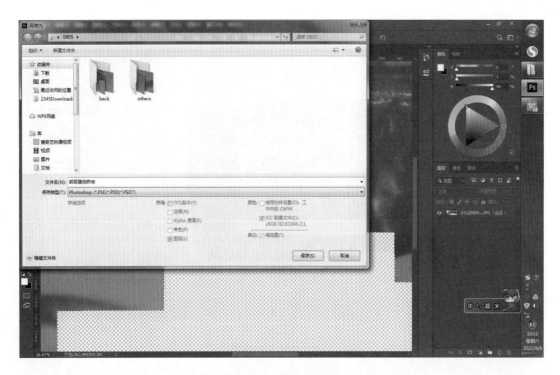

图 3-54 拼合完成图片的命名及 psd 格式的确认

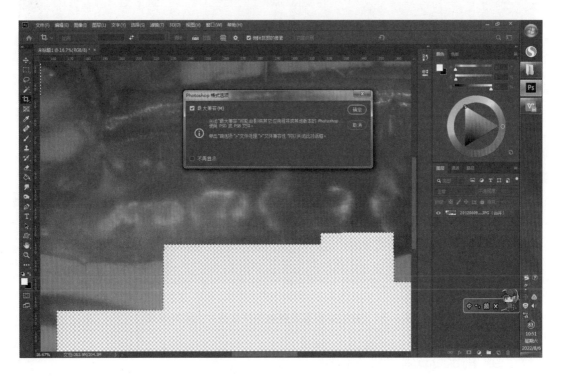

图 3-55 确定 psd 格式拼合图片的兼容模式

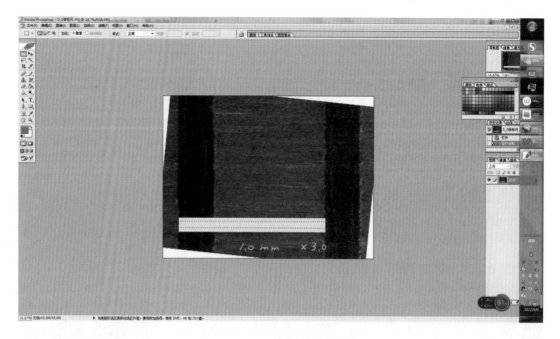

图 3-56 复制 3.0 倍的标尺

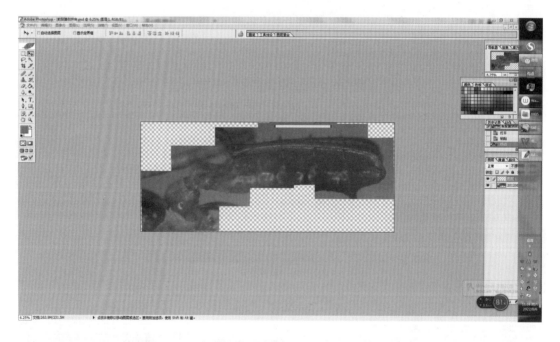

图 3-57 在猎蝽前股腹侧刺突拼合图片上添加标尺

3.9 前足股节刺突细节刻画

重新启动 SAI 软件，打开"前足 0.7.psd"文件，隐藏所有图层，仅显露"前足线稿"图层和"标尺"图层。打开"前股腹侧拼合 small.jpg"文件，点击画布右侧的矩形选择工具，在前足股节腹侧拉一个矩形选区，其中要包括标尺，按下"Ctrl+C"键（图 3-58），点击"前足 0.7.psd"图片按钮，按下"Ctrl+V"键，"前足线稿"图层上会自动生成一个复制图层，双击该图层按钮，将其命名为"前股刺突原稿"。按下"Ctrl+T"键，启动自由变换，把"前足刺突原稿"图层的标尺缩小至和原来的标尺大小完全一样（图 3-59）。点击"Enter"键确认自由变换结果。

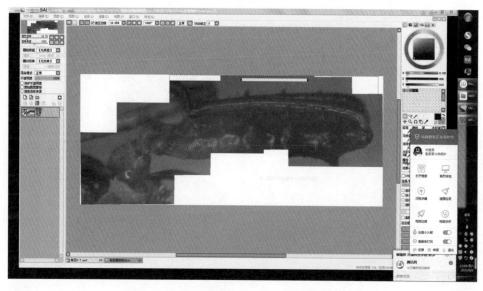

图 3-58　复制猎蝽前足股节腹侧刺突及标尺

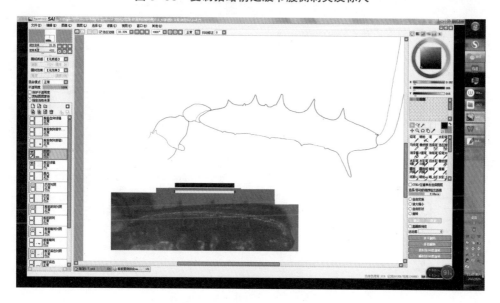

图 3-59　对"前足刺突原稿"图层进行自由变换并调整标尺长度

按下"Ctrl+T"键，同时用感应笔拖动并旋转"前足刺突原稿"图层，使得其轮廓线与"前足线稿"轮廓线对齐，并将不透明度调节为73%，隐藏"前足线稿"图层。点击"新建图层"，将其命名为"前股刺突细节线稿"。按下"N"键，快捷启动"铅笔"工具，笔尖形状选择"圆帽"形，最大直径为6像素，颜色在色轮上选择黑色，绘出前足股节端部腹面的小的刺突（图3-60）。结合视觉检测情况，补充其他前足股节腹面的小刺突。显示"前足线稿"图层和"前股刺突细节线稿"图层（图3-61）。

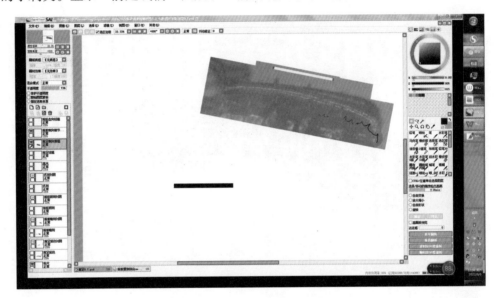

图 3-60　绘制猎蝽前股刺突细节

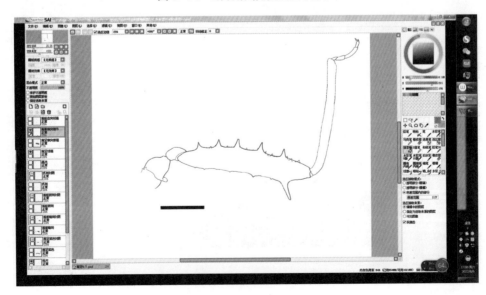

图 3-61　猎蝽前股腹面刺突的细化

62

与上述步骤类似，补充前足股节侧面和背面的小刺突（图 3-62）。在视觉检测条件下，同时对前股的轮廓线进行修正。调整股节轮廓线后的局部，核查前足底色图层，发现缺损的，对其进行补充填色。

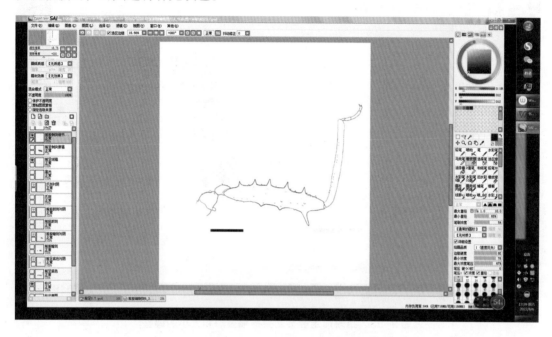

图 3-62　猎蝽前足股节侧面和背面小刺突的细化

3.10　前足胫节刺突的细化

显示"前胫原稿"图层，结合实体镜下的视觉检测情况，逐一补充每个小型的刺突。由于景深不足，有些小刺突无法看清楚，此时要隐藏"前胫原稿"图层，打开"前股腹侧拼合 small.jpg"图片文件，点击矩形选择工具，用感应笔尖在画布上拉出一个矩形，包括前足胫节和标尺，按下"Ctrl+C"键，激活"前足 0.7.psd"图片，点击"前胫齿突线稿"图层，按下"Ctrl+V"，对自动形成的复制图层双击，将其命名为"前胫齿突细节原稿"。按下"Ctrl+T"键，启动自由变换，按下"Shift"键，用感应笔尖点在自由变换选区的一个边角上，斜向拖动，把前胫变小，使得其标尺和前足的标尺等长，然后把感应笔笔尖移动到自由变换选区的内部，拖动该选区到前足胫节附近，再把感应笔笔尖移动到上述选区的外侧，拖动笔尖，可以使选区旋转，和线稿的胫节角度保持一致（图 3-63）。按下"Enter"键，确认自由变换结果。将当前图层的不透明度调整为 82%，把"前胫齿突细节原稿"图层移动到"前胫齿突线稿"图层下方，按下"N"键，快捷启动"铅笔"工具，将其最大直径设置为 4 像素，笔尖形状选择"圆帽"形，在色轮上选择黑色为前景色，逐一补充遗漏的小型刺突，隐藏"前胫齿突细节原稿"图层，查看前足胫节小刺突的绘制效果（图 3-64）。

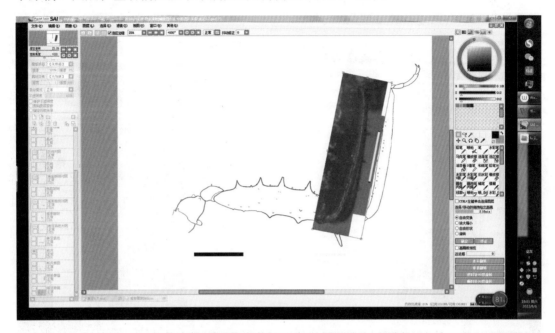

图 3-63　猎蝽前足胫节刺突原稿姿态和大小的调整

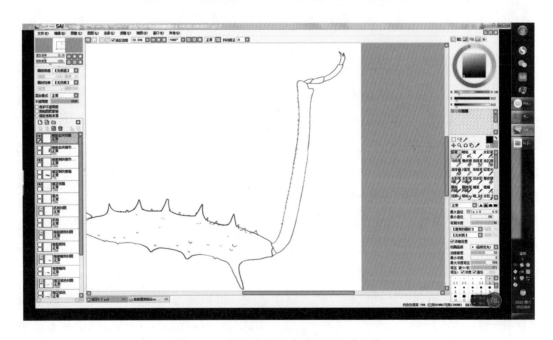

图 3-64　猎蝽前足胫节腹面刺突的细化

3.11　爪的细化

关闭"前足腹侧拼合 small.jpg"图片文件，打开"爪 a3.0X.jpg"图片文件，点击矩形选择工具，在爪上拉一个矩形选区，包含标尺在内（图 3-65）。点击画布下方的按钮，激活"前足 0.7.psd"文件，点击"前胫齿突线稿"图层，按下"Ctrl+V"键，将新的复制图层命名为"爪原稿"（图 3-66）。

图 3-65　爪选区的制作

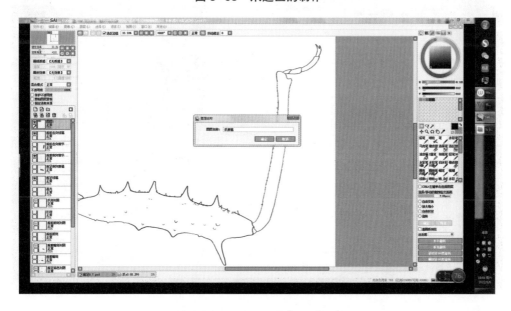

图 3-66　建立"爪原稿"图层

　　按下"Ctrl+T"键，启动自由变换，将爪的标尺和前足的标尺调整为等长（图3-67），按下"Enter"键确认变换结果。将不透明度调整为85%，再次按下"Ctrl+T"键，用感应笔点击选区内部，把爪移动到线稿爪的附近，把感应笔移动到选区外侧，滑动笔尖，旋转"爪原稿"图层，使角度和线稿上爪的角度一致（图3-68）。

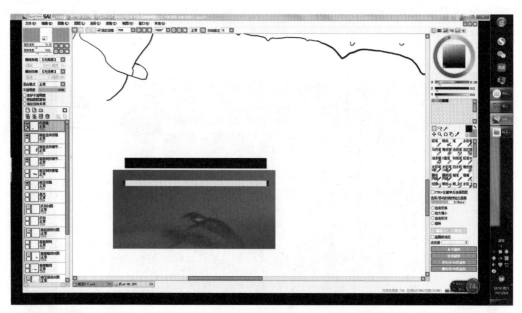

图 3-67　爪的标尺和猎蝽前足的标尺的调整

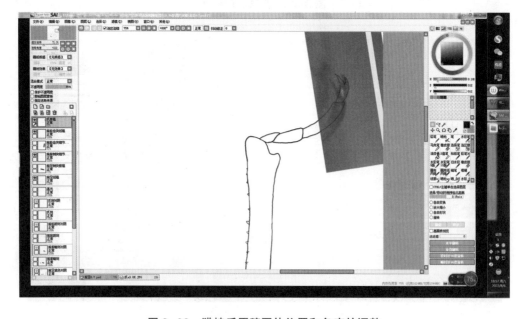

图 3-68　猎蝽爪原稿图片位置和角度的调整

点击"前足线稿"图层，对爪部的线条进行修正（图 3-69）。点击画布右侧的"套索"工具，把具侧齿的爪圈选出来（图 3-70），按下"Ctrl+C"键，复制选区，按下"Ctrl+V"键，复制的爪自动形成一个新图层，按下"Ctrl+T"，对新图层进行自由变换，将新图层的角度调整至与另一爪角度相近，点击"Enter"键确认自由变换结果，并将不透明度调整为 50% 左右（图 3-71）。

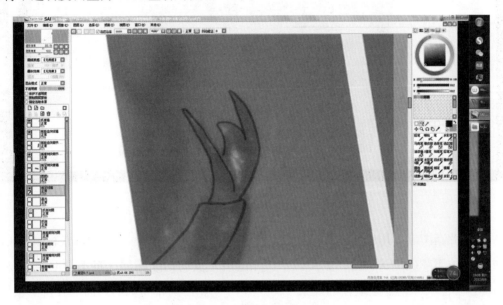

图 3-69　猎蝽爪的写实轮廓

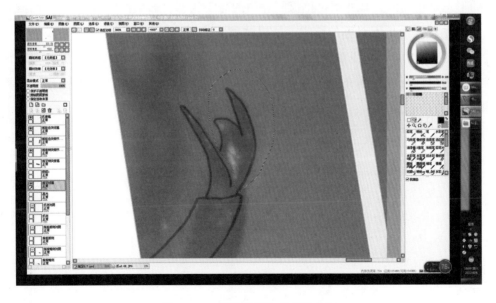

图 3-70　猎蝽具侧齿单爪的复制

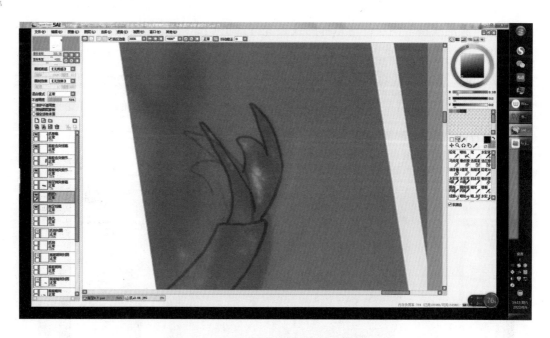

图 3-71 复制猎蝽具侧齿的爪到新的图层

　　隐藏此新图层，用"套索"工具对"前足线稿"图层中没有侧齿的爪进行圈选（图 3-72），按下"Ctrl+X"键，删去该爪。显露刚才复制的新图层，将不透明度调整为 100%（图 3-73），补绘缺损的线条（图 3-74），点击画布左侧的"向下合拼"按钮，新图层和"前足线稿"图层合并，图层名称仍为"前足线稿"。注意，此处绘制的两个爪的形态是相同的，其并不是拍摄图片中的写实状态。如果保留写实状态进行绘制，会给人以左右两个爪不对称的感觉，所以这里不采用完全写实的绘制方法。前足的线稿效果如图 3-75 所示。线稿修改后，会对"前足底色"图层有影响，此时要显示该图层，对该图层进行补充填充或擦去多余的部分，此处的处理可利用"油漆桶"工具和"橡皮擦"工具完成。

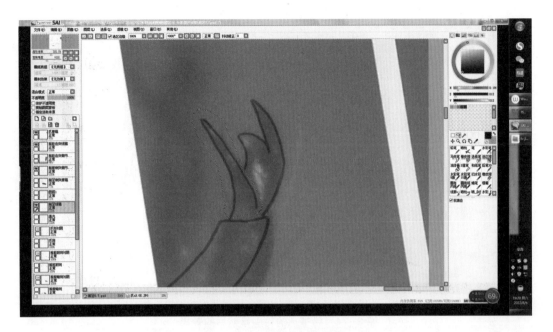

图 3-72　圈选猎蝽无侧齿的爪

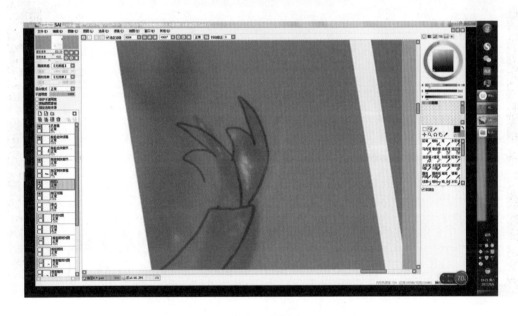

图 3-73　显示复制的具侧齿的猎蝽爪

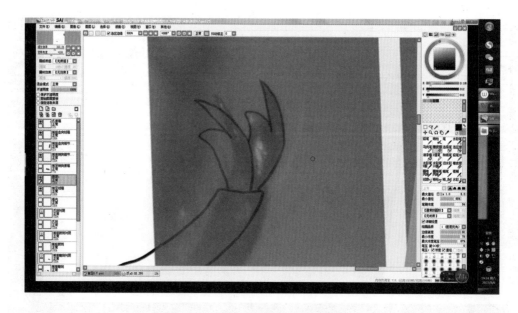

图 3-74　猎蝽爪的轮廓修整后的效果

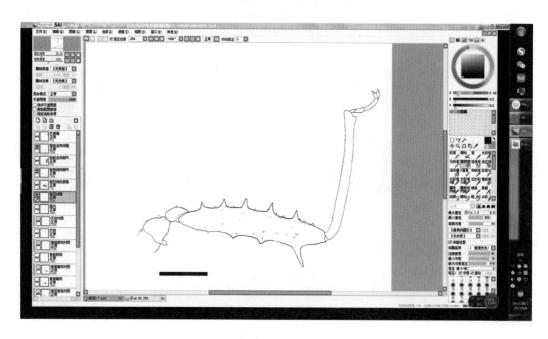

图 3-75　猎蝽前足线稿的总体效果

3.12　毛层的绘制

用感应笔将"前胫齿突线稿"图层拖动至"爪原稿"图层上方。点击"新建图层"按钮，将其命名为"刚毛"。在实体显微镜下视觉检测前足的刚毛的粗细、长度、弯直程度、伸展方向、密度，并对其逐一绘制。在色轮上选择淡黄色作为前景色，用鼠标右键点击自定义色盘，添加色样 6 为毛色色样。按下"N"键，快捷启动"铅笔"工具，笔尖形状选"山峰"形，最大直径选 5 像素，最小直径选 0%，笔刷浓度设置为 70。刚毛绘制效果如图 3-76 所示。显示其他底色、衬阴和高光图层，效果如图 3-77 所示。

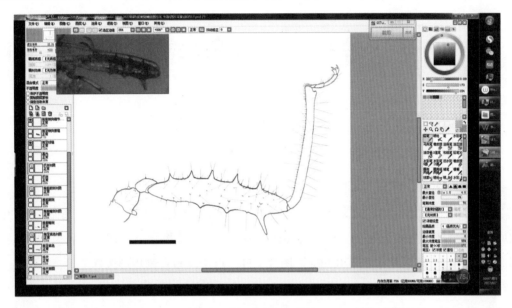

图 3-76　猎蝽刚毛绘制效果

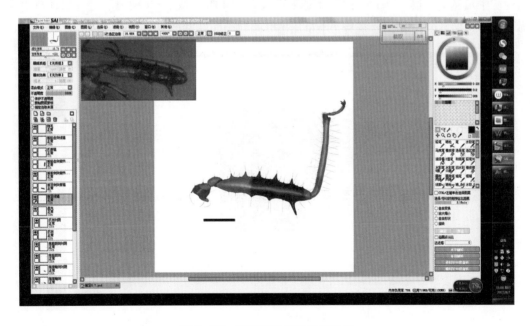

图 3-77　猎蝽前足总体绘制效果

第4章 中足的绘制

4.1 中足线稿的绘制

启动 SAI 软件，打开"中足 0.7.jpg"图片文件，点击"文件"下拉框，点选"另存为"，在"保持图像"对话框中，把文件格式改为".psd"格式。双击"图层 1"，将其命名为"中足原稿"，将不透明度调整为 80%。点击画布左侧的"新建图层"按钮，命名为"中足线稿"（图 4-1）。打开"中基节 0.7.jpg"图片文件，点击画布右侧矩形选择工具，在中足基节拉一个矩形方块（图 4-2），按下"Ctrl+C"键，点击画布下方的"中足 0.7.psd"文件按钮，点击"中足原稿"图层，按下"Ctrl+V"键，此时会自动复制一个新图层，将其命名为"中足基节原稿"（图 4-3）。不透明度设置为 40%。按下"Ctrl+T"键，启动自由变换，把中足转节的位置调整至与"中足原稿"图层中的转节位置及角度一致。

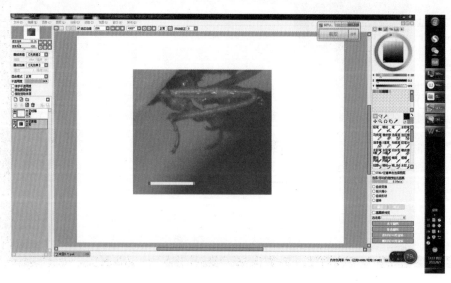

图 4-1 猎蝽中足采集图像

图 4-2　猎蝽中足基节图像的复制

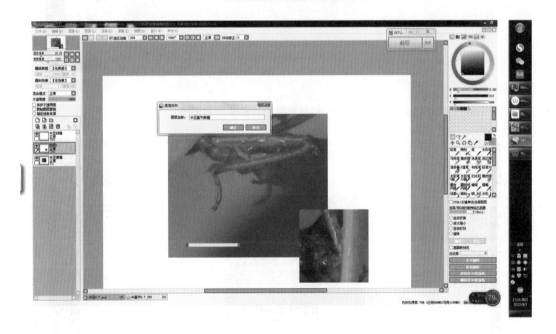

图 4-3　建立"中足基节原稿"图层

激活"中足线稿"图层，按下"N"键，快捷启动"铅笔"工具，在色轮中选择黑色为前景色，笔尖形状选"山峰"形，最大直径选 8 像素。绘出中足基节、转节、股节的轮廓（图4-4）。隐藏"中足基节原稿"图层，激活"中足原稿"图层，在画布右侧点击"套索"工具，把中足胫节圈住（图4-5），按下"Ctrl+C"键，按下"Ctrl+V"键，将新复制的图层命名为"中足胫节原稿"。按下"Ctrl+T"键，启动自由变换，点击选区外部，用感应笔尖将胫节旋转至与原来股节呈100°位置。点击选区内部，拖动胫节，使得胫节基部与"中足原稿"图层的股节端部对齐（图4-6），按下"Enter"键，确认自由变换结果，按下"Ctrl+D"键，取消选区。

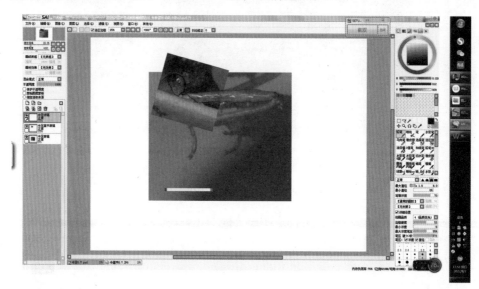

图4-4　绘制猎蝽中足基部的轮廓线

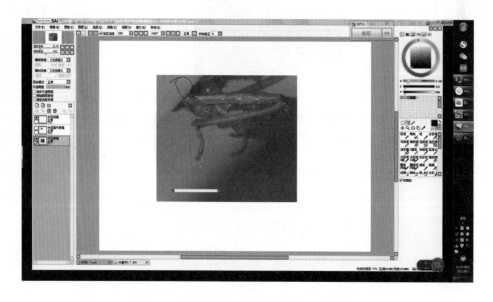

图4-5　用套索工具制作猎蝽中足胫节选区

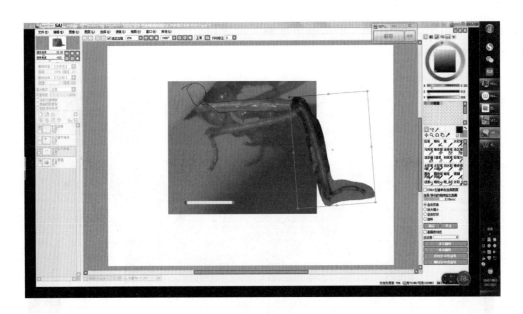

图 4-6　利用自由变换调整猎蝽中足胫节的位置与角度

点击"中足线稿"图层，按下"N"键，快捷启动"铅笔"工具，笔尖设置保持不变，绘制出中足胫节、跗节和爪的轮廓（图 4-7）。爪的绘制方法参考前足绘制部分相关内容。

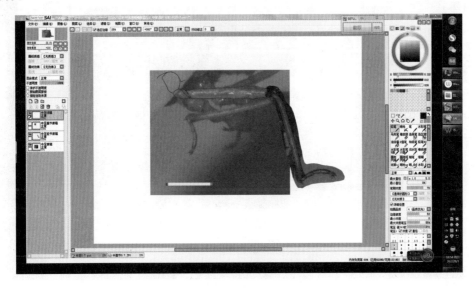

图 4-7　绘制猎蝽中足的轮廓线

点击"新建图层"按钮，将其命名为"标尺"，点击画布右侧的矩形选择工具，拉出一个细长的矩形选区（图 4-8），点击"油漆桶"工具，点击新建的细长矩形选区，

制作标尺（图4-9）。隐藏"中足胫节原稿"图层和"中足原稿"图层，显示猎蝽中足
线稿的总体效果（图4-10）。

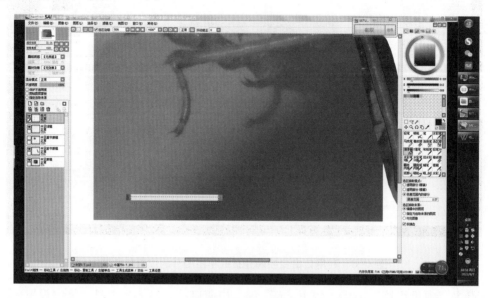

图4-8　利用矩形选择工具制作标尺选区

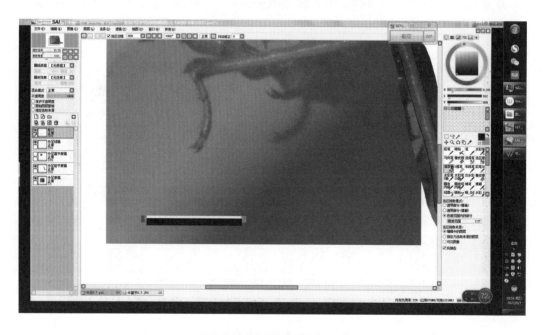

图4-9　制作标尺

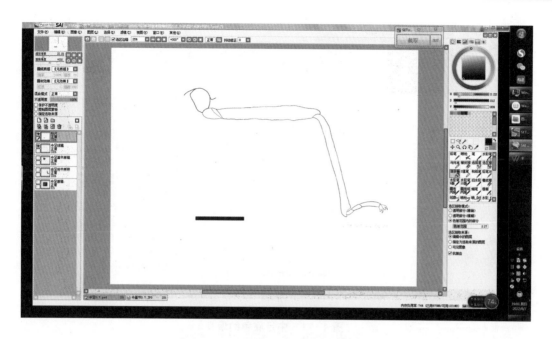

图 4-10　猎蝽中足线稿绘制效果

4.2　中足底色的添加

将标尺图层拖到图层的最下方。点击"中足线稿"图层，激活后，点击"新建图层"按钮，将其命名为"中足底色"。在实体显微镜下视检猎蝽中足的色泽，在色轮上选择最有代表性的黄褐色。点击"魔棒"工具，点击"中足线稿"图层，在基节、转节、股节、胫节、跗节和爪的轮廓线内部各点击一下，再点击"中足底色"图层，点击"油漆桶"工具，然后点击股节和胫节轮廓线形成的封闭区，完成底色填充（图4-11）。按下"Ctrl+D"键，取消选择，把"中足线稿"图层移动到"中足底色"图层的上方，以显示中足各节的分界（图4-12）。

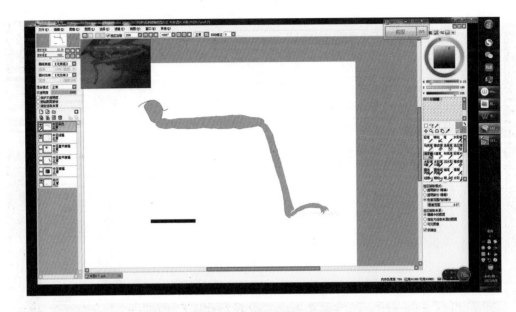

图 4-11　中足底色的填充

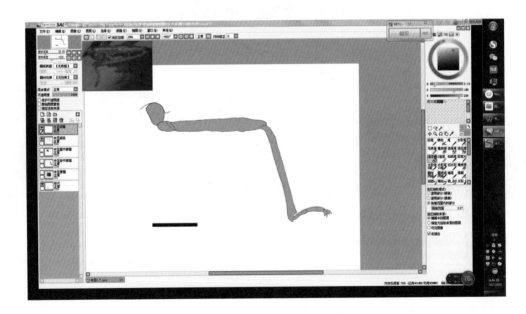

图 4-12　显示中足各节的分界

隐藏"中足底色"图层，激活"中足线稿"图层，点击"新建图层"，将其命名为"中足斑块"，显示"中足原稿"图层，在画布右侧点击"选择笔"工具，最大直径设置为 6 像素，把股节端部、胫节端部、跗节端部的斑块边界描画出来，注意与中足轮廓线连接紧密，形成新的斑块封闭区域（图 4-13）。

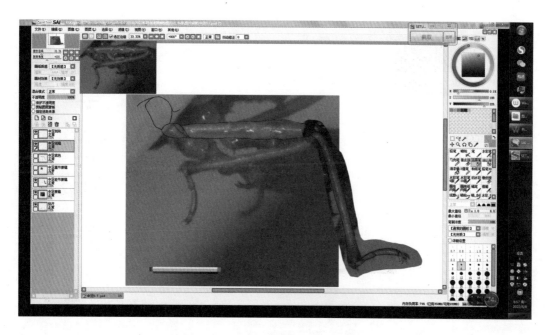

图 4-13　用选择笔绘制斑块轮廓边缘

点击"中足线稿"图层，点击"魔棒"工具，隐藏"中足原稿"和"中足胫节原稿"图层，点击股节端部的斑块（图 4-14），制作出股节端部的选区，点击"中足斑块"图层，在色轮上选择淡红褐色，点击"油漆桶"工具完成上色（图 4-15）。

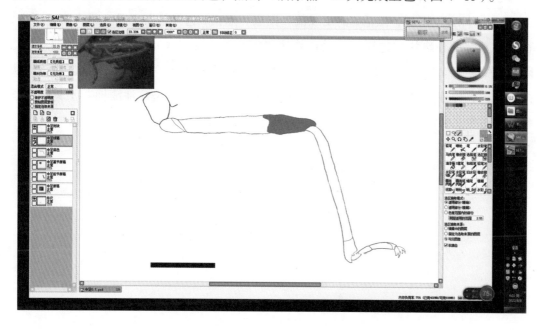

图 4-14　中足股节端部斑块选区的制作

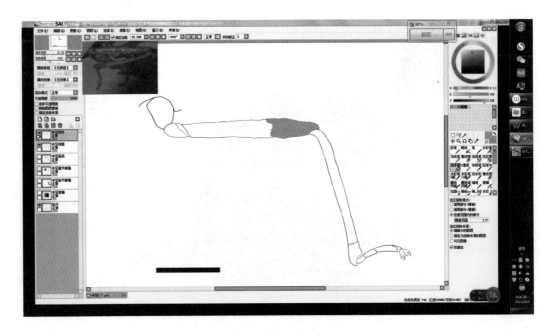

图 4-15　中足股节端部斑块的上色

　　点击"中足线稿"图层，点击"魔棒工具"，点击胫节端部斑块图案内部，制作出胫节端部斑块选区（图 4-16），完成后，点击"中足斑块"图层，再在色轮上选择淡红褐色，点击"油漆桶"工具，点击胫节端部斑块内部，完成上色（图 4-17）。显露"中足胫节原稿"图层，激活"前足线稿"图层，点击"选择笔"工具，最大直径不变，在胫节基部圈住斑块的边缘，此处斑块边界需在实体显微镜下视检确认（图 4-18）。隐藏"中足胫节原稿"图层，激活"中足线稿"图层，点击"魔棒"工具，在该斑块内部点击，完成选区的制作，再点击"前足斑块"图层，点击"油漆桶"工具，前景色保持不变，在该斑块内部点击一下，完成上色（图 4-19）。

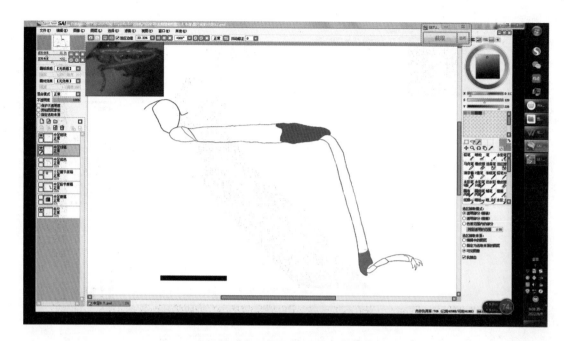

图 4-16　胫节端部斑块选区的制作

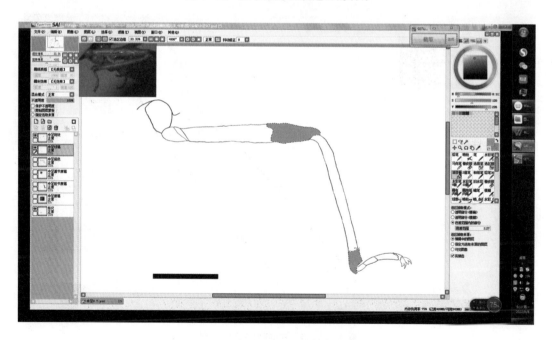

图 4-17　胫节端部斑块的上色

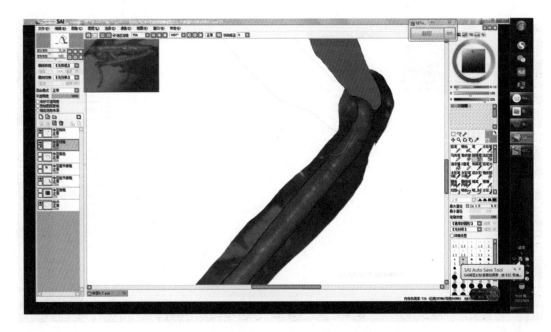

图 4-18　用选择笔工具绘制胫节基部斑块的边界

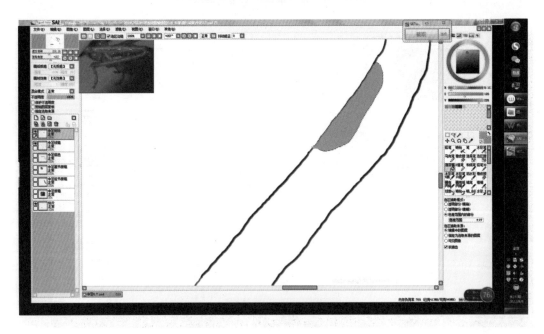

图 4-19　胫节基部斑块的上色

点击"前足线稿"图层，激活后，按下"Enter"键，同时用感应笔点击数位板，轻轻拖动，此时笔尖变为手状，找到跗节，点击"魔棒"工具，点击端跗节端部的斑块区，在色轮上选择深褐色，点击"中足斑块"图层，点击"油漆桶"工具，点击跗节端部的斑块区，完成上色。再点击"中足线稿"图层，点击"魔棒"工具，点击爪部，完成爪区选区的制作，点击"中足斑块"图层，在色轮上选择黑褐色，点击"油漆桶"工具，点击爪部的选区，完成上色（图 4-20）。按下"Ctrl+D"键，取消选区。

与上述步骤类似，可以完成其他斑块的填色（图 4-21）。

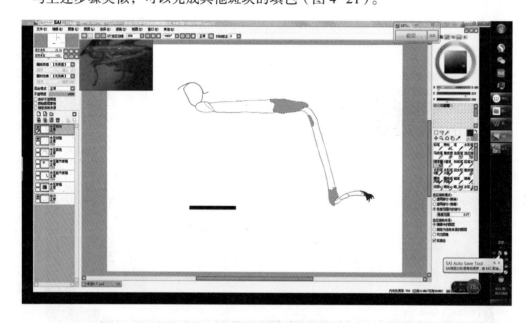

图 4-20　中足斑块的填充

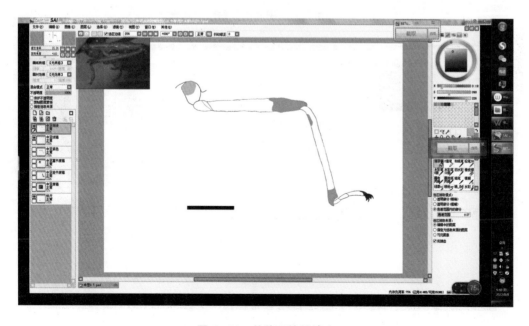

图 4-21　其他斑块的填充

点击"中足底色"图层，显露并激活后，点击"新建图层"，将其命名为"中足衬阴"，点选"剪贴图层蒙版"按钮左侧的方块，出现对号，表示剪贴图层的建立，同时"中足衬阴"图层按钮左侧出现一条红色细竖线（图4-22）。按下"Alt"键，点击"中足底色"图层，向左移动"HSV"滑块组的"V"滑块，将图层调成黑褐色。明度值改为120，点击"喷枪"工具，最大直径选择150像素，笔尖形状选"山峰"形，沿中足各节边缘轻轻喷涂，表现衬阴效果（图4-23）。

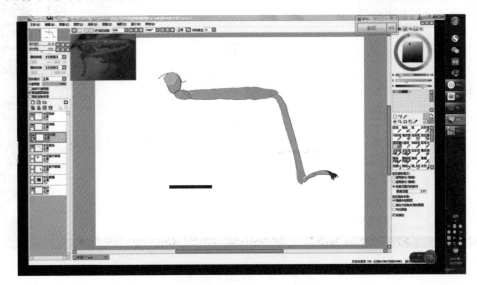

图4-22　中足衬阴图层的剪贴蒙版的建立

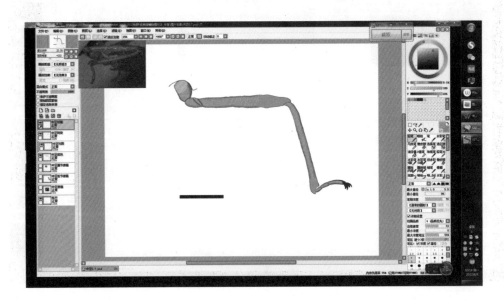

图4-23　中足衬阴效果

点击"中足斑块"图层，点击"新建图层"，将其命名为"中足斑块衬阴"（图 4-24）。点选"剪贴图层蒙版"左侧的方块，出现一个"对号"，表示剪贴蒙版图层设置完成。在蒙版图层上的操作，不会超出其下方图层斑块的范围，即中足斑块的范围。

由于几个斑块的颜色略有差异，在选色时，可以用画布右侧的"吸管"工具先在各个斑块上取色，然后向左移动"HSV"滑块组的"V"滑块，将斑块调成更暗的色泽。调色完成后，点击"喷枪"工具，在各个斑块的边缘（同时必须是中足各节的边缘），轻轻喷涂，表现衬阴效果。点击"中足斑块"图层，点击"模糊"工具，将笔尖调整至合适大小，在斑块与斑块的结合部轻轻滑动，做出模糊效果（图 4-25）。视觉检测后，在爪基部中央喷涂淡黄褐色小斑块，喷枪最大直径可按"["或"]"键进行调节。

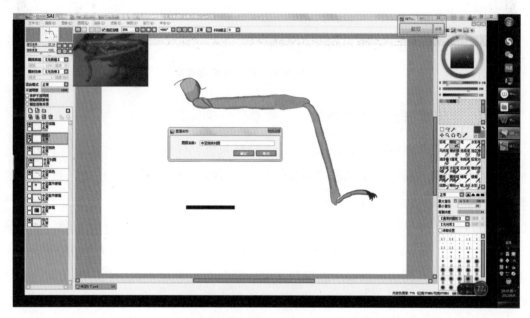

图 4-24　中足斑块衬阴图层的建立

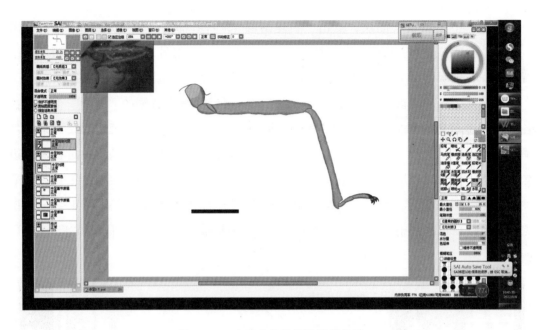

图 4-25　中足斑块衬阴及模糊效果

4.3　中足基节透明斑的表现

　　点击"中足斑块衬阴"图层，在色轮上选择灰色，仔细核对实体显微镜下的视觉检测效果，选择"铅笔"工具和"喷枪"工具，笔尖大小可随时按压"["或"]"键进行调节，笔尖形状选"山峰"形，绘出透明斑内部底色（图 4-26）。点击"新建图层"，将其命名为"基节高光"，显示"中足基节原稿"图层，隐藏"中足底色"和"中足斑块"图层（图 4-27）。实体显微镜的辅助光源为环形灯，此处反光呈现灯的形状。点击"基节高光"图层，选择"铅笔"工具，前景色在色轮上选白色，笔尖大小选 2像素，笔尖形状选"矩形"，绘出高光的效果，隐藏"中足基节原稿"图层，显示"中足底色"和"中足斑块"图层及其剪贴图层蒙版（图 4-28）。

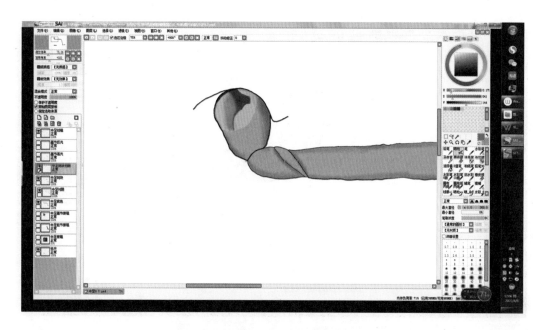

图 4-26　中足基节透明斑内部底色的绘制

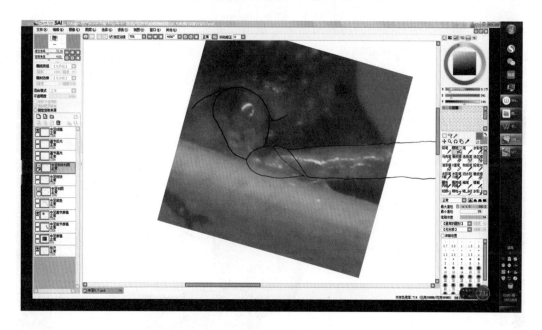

图 4 27　中足基节高光区域放大

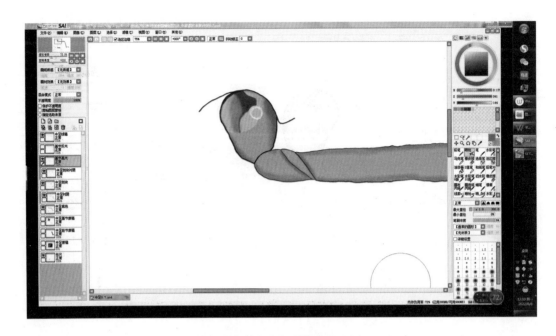

图4-28　中足基节高光的绘制

点击"新建图层"按钮，将其命名为"基节反光"，按下"N"键，快捷启动"铅笔"工具，在色轮上选择灰白色，笔尖大小选4像素，在基节基部透明斑边缘稍内侧位置，补画反光效果。隐藏"基节高光"图层（图4-29）。

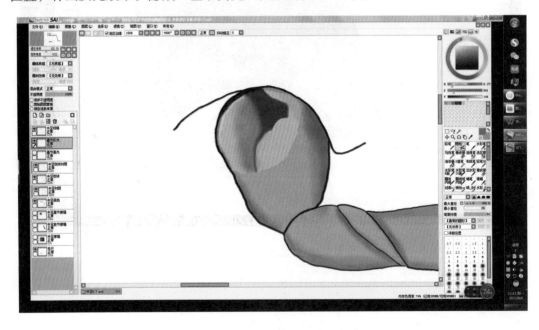

图4-29　中足基节透明斑的反光效果

显示"基节高光"图层。点击"重置视图的显示位置",查看中足的上色效果(图4-30)。

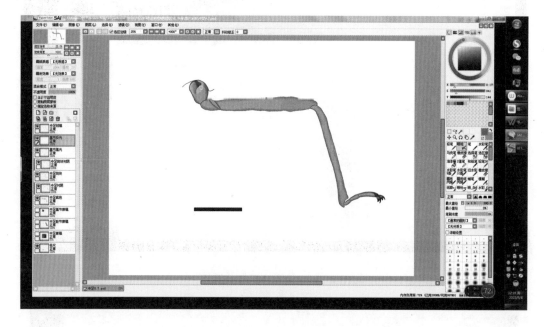

图 4-30　中足的上色效果

4.4　中足股节细碎暗斑的表现

点击"基节反光"图层,点击"新建图层",将其命名为"碎斑图层"(图4-31)。在色轮上选择灰黑色,按下"N"键,快捷启动"铅笔"工具,笔尖形状选"圆帽"形,最大直径设置为12像素,在实体显微镜下进行视觉检测,参考悬浮截屏,绘制碎斑效果(图4-32)。点击"中足衬阴"图层,颜色在色轮上选择灰褐色,按下"B"键,快捷启动"喷枪"工具,笔尖形状选"山峰"形,最大直径设置为90像素,补充股节基部不规则细条斑。

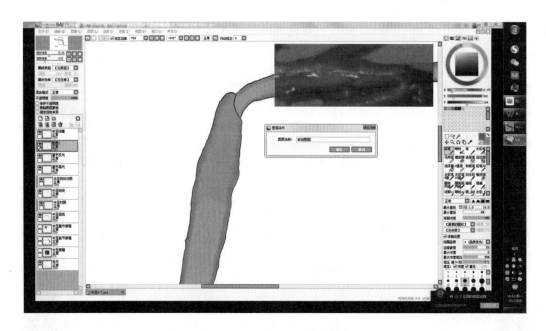

图 4-31　建立中足碎斑图层

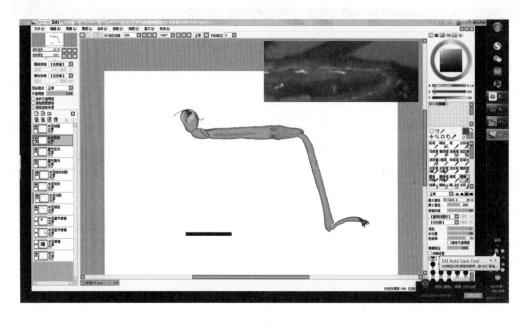

图 4-32　中足股节碎斑绘制效果

4.5　中足高光的表现

点击"碎斑图层"，点击"新建图层"，将新图层命名为"中足高光"。按下"N"键，快捷启动"铅笔"工具，颜色在色轮上选白色，笔尖形状选"矩形"，最大直径为 4 像素。隐蔽"中足底色"和"中足斑块"图层，显示"中足原稿"和"中足胫节原稿"图层。点击"中足高光"图层，绘制中足各节高光的效果（图 4-33）。隐藏"中足原稿"和"中足胫节原稿"图层，显示"中足底色"和"中足斑块"图层及其衬阴图层。点击"中足高光"图层，在中足基节和转节处补充高光效果，点击"基节高光"图层，擦去多余的高光（图 4-34）。

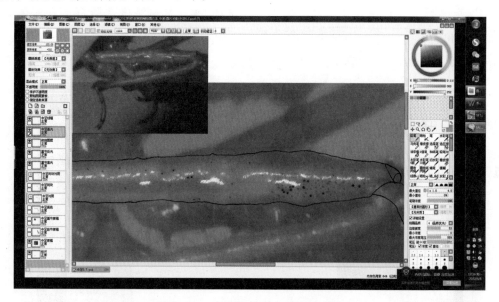

图 4-33 中足股节高光效果的绘制

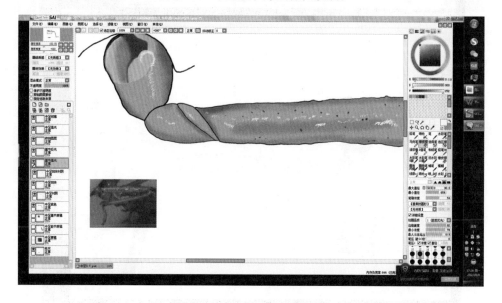

图 4-34 中足基节高光的调整

4.6　中足毛层的绘制

点击"中足线稿"图层按钮，点击"新建图层"按钮，将新图层命名为"毛"（图4-35）。隐藏"中足底色"和"中足斑块"图层，显示"中足原稿"和"中足胫节原稿"图层。按下"N"键，快捷启动"铅笔"工具，在色轮上选择黄褐色，笔尖形状选择"山峰"形，最大直径选择4像素，最小直径选择0%，笔刷浓度选择80，在实体显微镜视检的同时，逐一绘制中足表面的刚毛，注意刚毛的长度、粗细、角度、弯直、色泽和密疏程度的变化（图4-36，图4-27，图4-38，图4-39）。

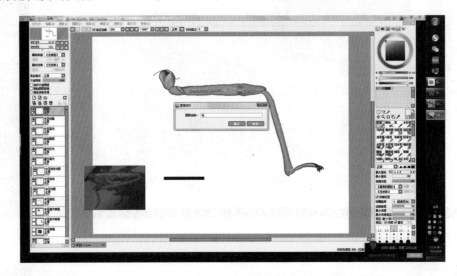

图 4-35　毛层的建立

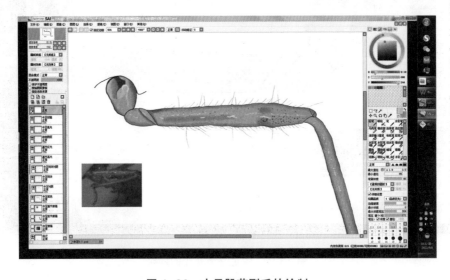

图 4-36　中足股节刚毛的绘制

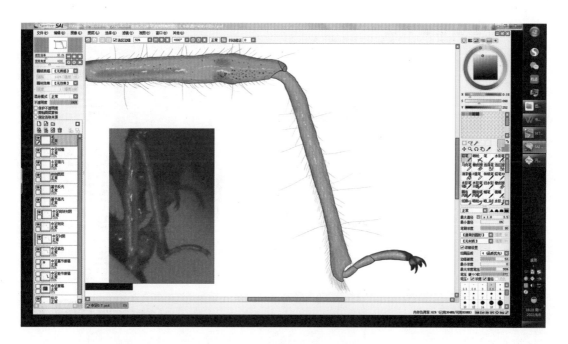

图 4-37　中足胫节刚毛的绘制

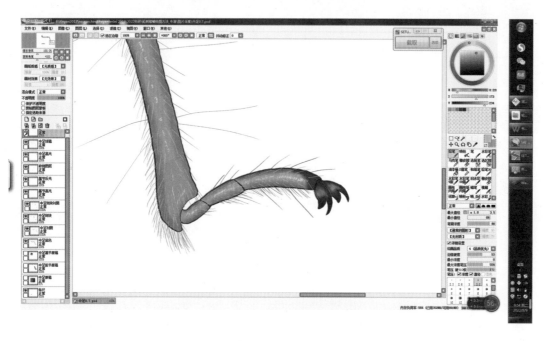

图 4-38　猎蝽前足跗节刚毛的绘制

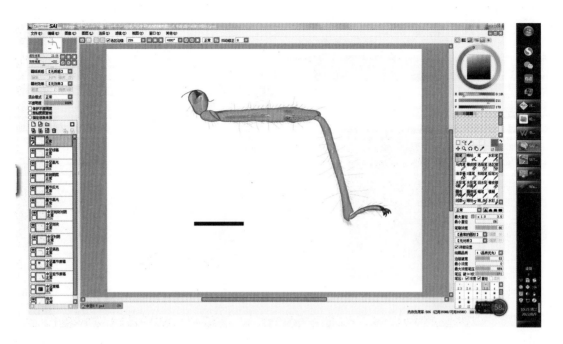

图 4-39　中足的绘制效果

第 5 章　后足的绘制

5.1　后足股节原稿的拼接

启动 SAI 软件，打开"后足 0.7.jpg"图片文件，点击"文件"下拉框，点选"另存为"，在弹出的"保存图像"对话框中，设置新文件的格式为".psd"格式。点击画布左侧的"新建图层"按钮，双击新建立的图层，命名为"后足线稿"，双击后足图像所在的图层，将其命名为"后足原稿"。打开"后股节 0.7.jpg"图片文件，点击画布右侧的矩形选择工具，在后足股节上斜拉出一个矩形框（图 5-1）。按下"Ctrl+C"键，激活"后足 0.7.psd"文件，按下"Ctrl+V"，此时"后足线稿"图层上方会自动产生一个新图层，将其命名为"后足基部原稿"。将不透明度调节为 50%，按下"Ctrl+T"键，启动自由变换，在选区外拖动感应笔尖，旋转"后足基部原稿"图层中的后足股节，把笔尖移动到选区内部，拖动笔尖，可以把选区拖动到与"后足原稿"中的股节端部重合的位置（图 5-2）。

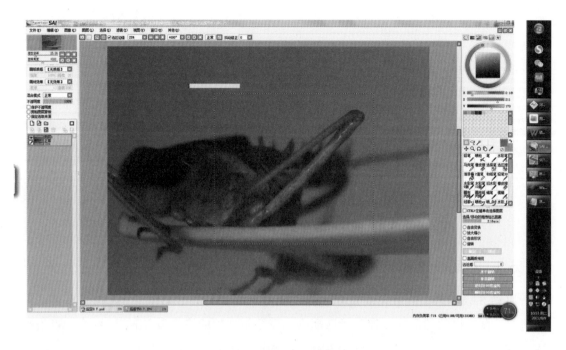

图 5-1　复制后足的图像

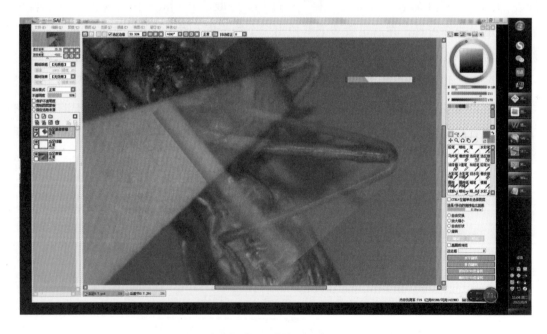

图 5-2　调整两个图层后足股节端部的图像位置

5.2　后足基节和转节的拼接

打开"3 足基节 2_0.7.jpg"图片文件，点击矩形选择工具，在中后足基节外侧拉一个矩形选区，按下"Ctrl+C"键，点击画布下方的"后足 0.7.psd"文件，按下"Ctrl+V"键，把自动建立的复制图层命名为"后足基节原稿"（图 5-3）。将该图层的不透明度调整为 50%（图 5-4）。按下"Ctrl+T"键，启动自由变换，在此自由变换图像的外侧滑动笔尖可以调整图片的旋转角度，在其图像的内部拖动笔尖可以移动整个自由变换图像的位置。仔细调整图像角度，使此图像的基节角度自然，转节端部和"后足基部原稿"图层的转节端部位置协调一致（图 5-5）。由于图像采集的角度不完全一致，完全重合是不可能的，因此，只要大体一致，能够正确表现转节的形态和长度即可。后足基节和转节的角度和位置调整好后，按下"Enter"键确认自由变换结果，按下"Ctrl+D"键取消选区。

图 5-3　建立"后足基节原稿"图层

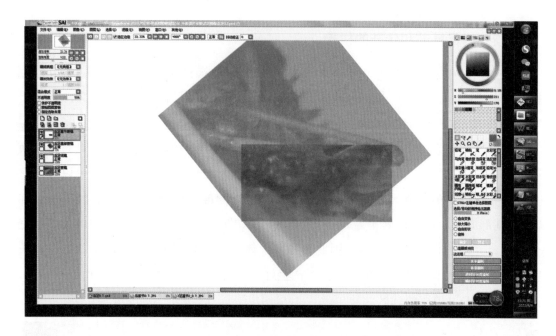

图 5-4　将图层的不透明度调整为 50% 的效果

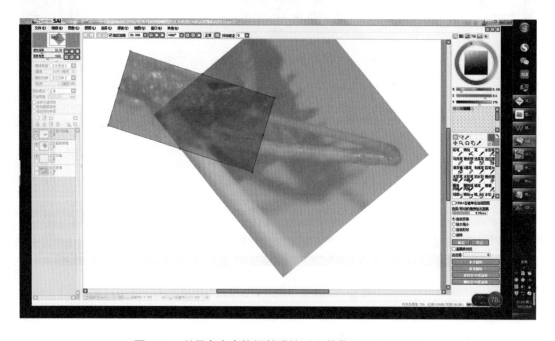

图 5-5　利用自由变换调整猎蝽后足基节的位置和角度

5.3　标尺图层的制作

隐藏其他图层，仅保留"后足原稿"图层。按下"Ctrl+Enter"键，用感应笔笔尖点击几下，将标尺放大（图5-6），点击画布右侧的矩形选择工具，拉出一个细长的矩形选区，使得此选区的长度和标尺的长度完全一致（图5-7）。点击画布左侧的"新建图层"按钮，将其命名为"标尺"（图5-8）。在色轮上选择黑色，点击"油漆桶"工具，在标尺选区中间点击一下，该选区变为黑色（图5-9）。按下"Ctrl+D"键，取消选区。按下"Ctrl"键，同时用感应笔在数位板上拖动，把新做的标尺移动到画布的右下方（图5-10）。

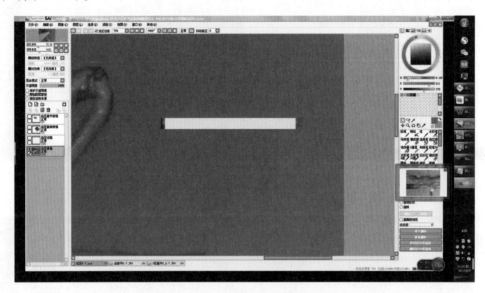

图5-6 标尺的放大效果

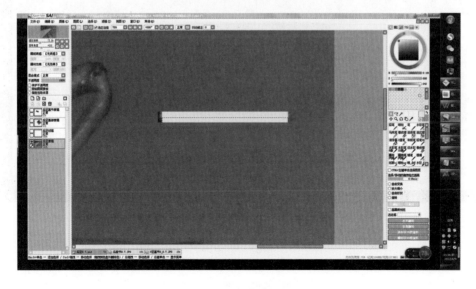

图5-7 标尺选区的制作

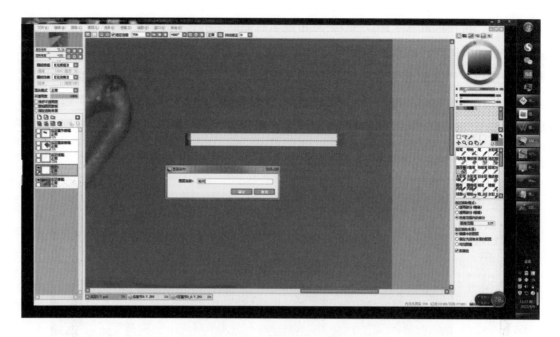

图 5-8　标尺图层的制作

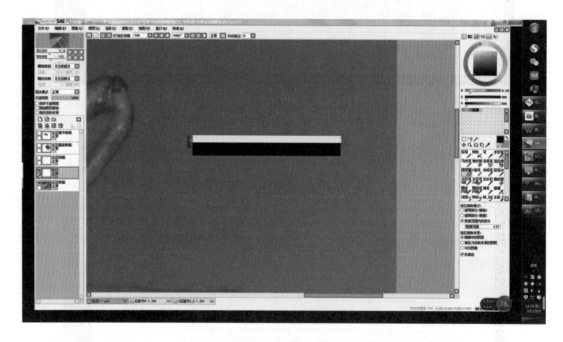

图 5-9　标尺的上色

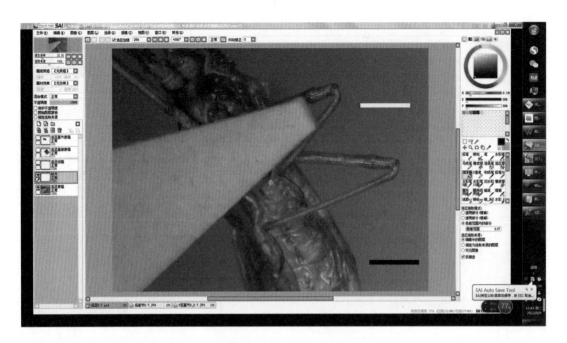

图 5-10 标尺的移动

5.4 后足股节线稿的绘制

按下"N"键，快捷启动"铅笔"工具，笔尖形状设置为"山峰"形，最大直径设置为 8 像素，在色轮上选择黑色为前景色。点击"后足线稿"图层，先绘制后足的基节、转节、股节（图 5-11）。点击"后足原稿"图层，点击画布右侧的"套索"工具，把后足胫节、跗节和爪圈选起来，按下"Ctrl+C"键复制，按下"Ctrl+V"键粘贴，将复制的新图层命名为"后足胫节原稿"，把"后足胫节原稿"移动到"后足原稿"图层下方（图 5-12）。把"后足线稿"图层移动到图层的最上方，把"标尺"图层移动到所有图层的最下方。点击"新建图层组"按钮，将其命名为"原稿"。把"后足线稿""后足基节原稿""后足基部原稿"和"后足原稿"4 个图层分别移入"原稿"图层组。点击"原稿"图层组，按下"Ctrl"键，用感应笔向画布左上方拖动图层组（图 5-13）。

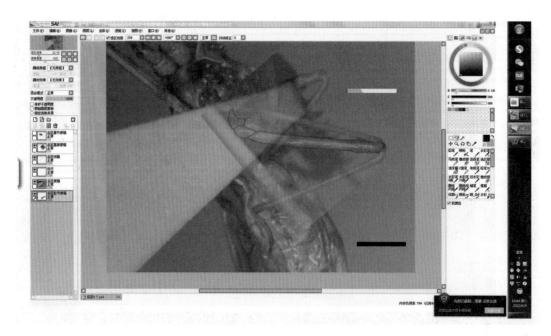

图 5-11　后足基节、转节和股节的绘制

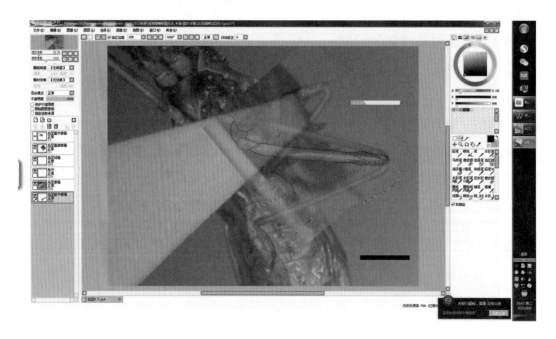

图 5-12　后足胫节原稿的复制

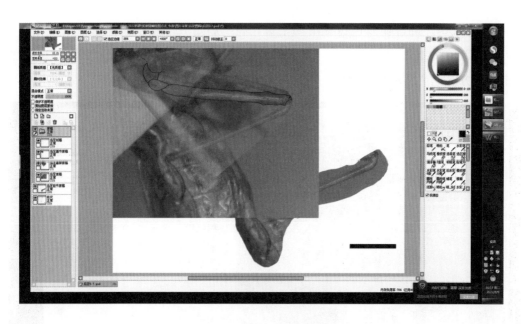

图 5-13　在画布上移动图层组

5.5　后足胫节角度的调整

点击"后足原稿"图层，将不透明度调整为 50%，点击"后足胫节原稿"图层，按下"Ctrl+T"键，启动自由变换，在选区外拖动感应笔笔尖，调整自由变换选区的角度，使胫节和股节的角度约为 90°（图 5-14），按下"Enter"键，确认自由变换结果。

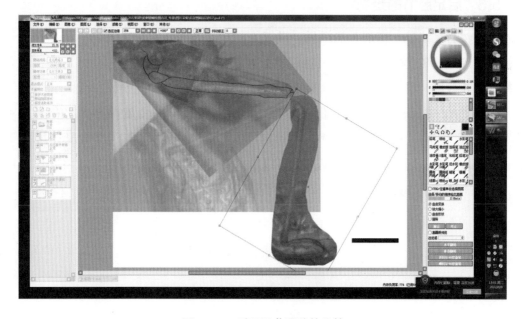

图 5-14　后足胫节原稿的旋转

按下"Ctrl"键，在数位板上滑动笔尖，将"后足胫节原稿"图层的胫节基部与"后足原稿"图层的股节端部对齐（图 5-15）。把"后足线稿"图层移动到"原稿"图层组的上方。把"后足胫节原稿"图层移动到"原稿"图层组中。

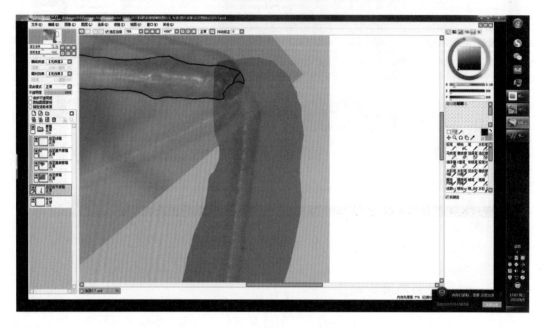

图 5-15　对齐不同图层的后足胫节和股节

5.6　后足胫节的绘制

点击"后足线稿"图层，激活后，继续绘制胫节等部分的轮廓线线稿。按下"N"键，快捷启动"铅笔"工具，将黑色设置为前景色，笔尖形状选择"山峰"形，最大直径选择 8 像素，用感应笔描绘后足胫节。

按下"Alt+Enter"键，在数位板上拖动笔尖，把胫节的角度调整为"右上－左下"方向的倾斜位置（图 5-16），此时右手执笔时为顺手方向，视情况还可按下"Ctrl+Enter"键，同时配合点击笔尖，可以放大图像，当需要缩小图像或将图像复位时，可点击画布上方的"重置视图的显示位置"。后足线稿完成效果如图 5-17 所示。

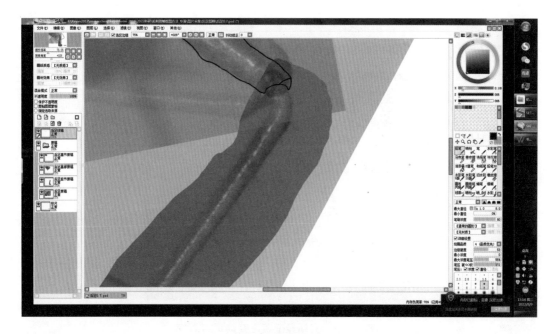

图 5-16　画布的倾斜

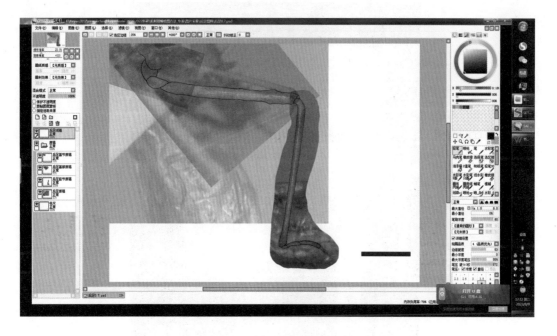

图 5-17　后足线稿初步的绘制

5.7　后足爪图像的补充采集

如果"后足原稿"图像中猎蝽的后足爪的特征不清晰，则需要重新采集图像。将实体显微镜的变焦镜头旋钮旋转至 4 倍位置，调整焦距，使得猎蝽后足的爪能在显示器上清晰显示，重新采集猎蝽后足爪的图像（图 5-18，图 5-19）。

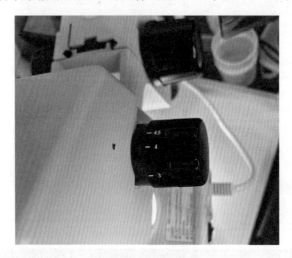

图 5-18　实体显微镜可变焦距的调整

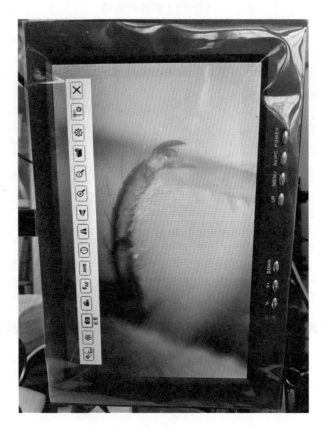

图 5-19　后足爪图像的重新采集

5.8　带标尺后足爪图片文件的制作

打开"猎蝽后足爪 4.0X.jpg"文件和"4.0X 标尺 .jpg"文件，点击矩形选择工具按钮，在标尺图片上拉出一个矩形，包括标尺和备注（图 5–20）。按下"Ctrl+C"键，打开"猎蝽后足爪 4.0X.jpg"文件，按下"Ctrl+V"键，按下"Ctrl 键"，用笔尖将标尺拖动到偏左位置（图 5–21）。点击向下合拼按钮，在弹出的"JPEG 保存"对话框中，点击"确定"。

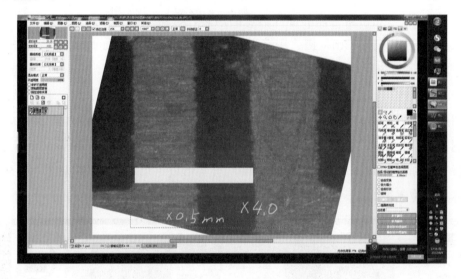

图 5–20　0.5mm 标尺的复制

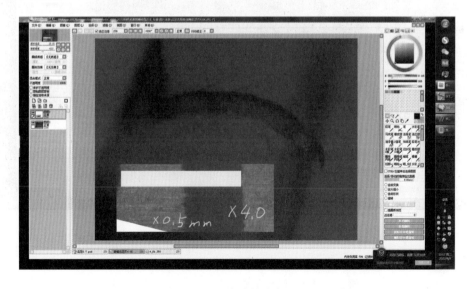

图 5–21　在后足爪原稿图片中复制 0.5mm 标尺

5.9 复制后足爪及标尺的 2 倍放大

按下"Ctrl+A"键，全选图片，键下"Ctrl+C"键，复制带标尺的后足爪图片，点击画布下方的"后足 0.7.psd"文件按钮，启动该 psd 格式的后足图片文件，按下"Ctrl+V"键，将刚才复制后足的爪图片粘贴到该文件中，此时会自动形成一个新的复制图层，将其命名为"后足爪原稿"（图 5-22）。点击矩形选择工具，在标尺上拉出一个和 0.5 倍标尺等长的矩形，点击"新建图层"，点选色轮中的白色作为前景色，点击"油漆桶"工具，点击新制作的标尺选区的内部，将新标尺变为白色。按下"Ctrl+D"键，取消选区，按下"Ctrl"键，用笔尖将新标尺拖动到原标尺的右侧，形成一个新的 1mm 的标尺。当图片宽度不足时，可以再在原标尺上用矩形选择工具拉一个选区，按下"Ctrl+X"键，剪切选区，按下"Ctrl+V"键，复制选区到新图层，然后按"Ctrl"键，用感应笔把原标尺向左侧偏下移动，和新标尺共同组成一个 1mm 的标尺。点击由于复制图像新产生的"图层 2"，点击"向下合拼"按钮，再点击"图层 1"，点击"向下合拼"按钮，此时在"后足爪原稿"图层会再形成一个 1mm 的新标尺（图 5-23），原来标尺的位置被剪切，形成一个透明的空洞，可以看到底下的图层。

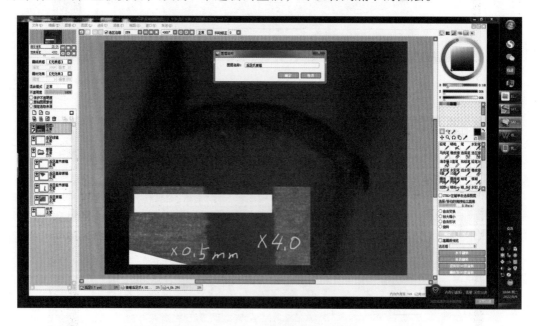

图 5-22　建立"后足爪原稿"图层

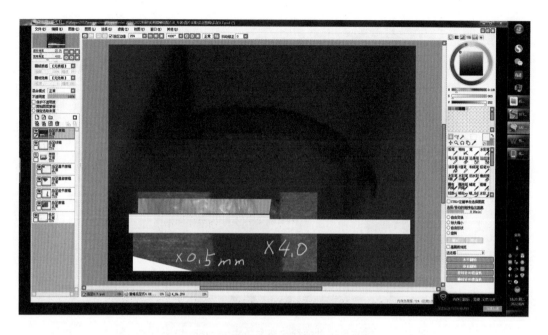

图 5-23　利用图像复制制作 1mm 标尺

5.10　后足爪和跗节图像的拼接

将"后足爪原稿"图层的不透明度调整为 50%，按下"Ctrl+T"键，启动自由变换。按住"Shift"键，同时用感应笔斜向拖拉自由变换选区四角中的任意一个，将图像缩小至合适大小，松开"Shift"键，用笔尖点击选区内部，将后足爪移动至原来的标尺附近，再次调整自由变换选区的大小，使得新标尺（白色）和原标尺（黑色）完全等长（图 5-24）。按下"Enter"键，确认自由变换结果。按下"Ctrl"键，用笔尖将后足爪拖动到后足线稿中跗节的端部（图 5-25）。隐藏"后足胫节原稿"图层，将"后足爪原稿"图层的不透明度调整为 80%。

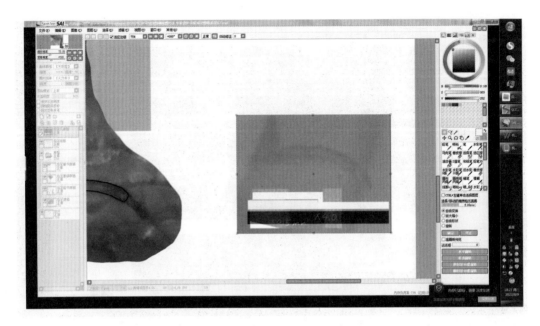

图 5-24　调节后足爪的标尺至与原来的 1mm 标尺长度一致

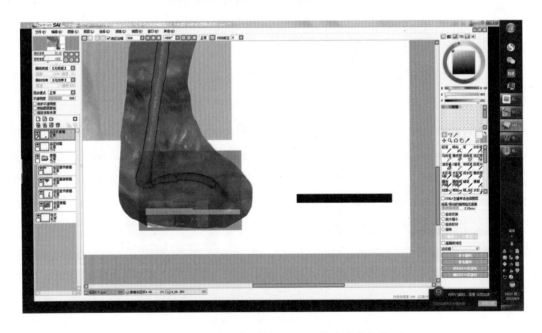

图 5-25　将后足爪的位置调整到线稿跗节的端部

5.11　后足爪的绘制

点击"后足线稿"图层，按下"N"键，选择黑色为前景色，笔尖形状选择"山峰"形，最大直径设置为 8 像素，绘制后足的爪（图 5-26）。

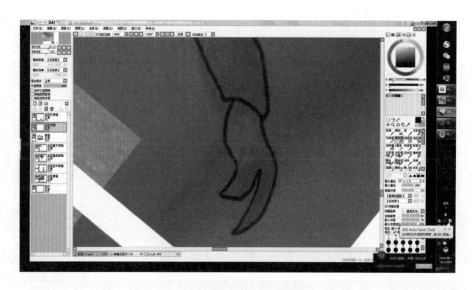

图 5-26　后足爪的绘制

5.12　后足爪的复制

点击画布右侧的"套索"工具，在后足爪线稿上圈选一个包含爪的区域（图 5-27），按下"Ctrl+C"键，按下"Ctrl+V"键，新复制的爪会自动形成一个图层，按下"Ctrl+T"键，启动自由变换，将新复制的爪旋转到合适角度，并将其移动到跗节的末端，尽量减少和原来的爪的交错（图 5-28）。按下"Enter"键确认自由变换结果，按下"Ctrl+D"键取消选区。

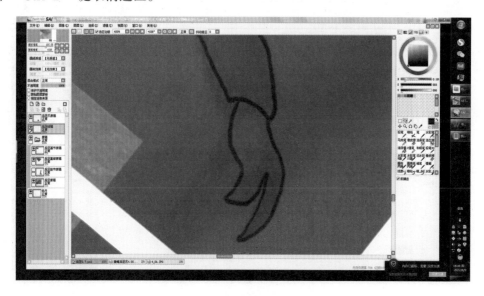

图 5-27　后足爪线稿的复制

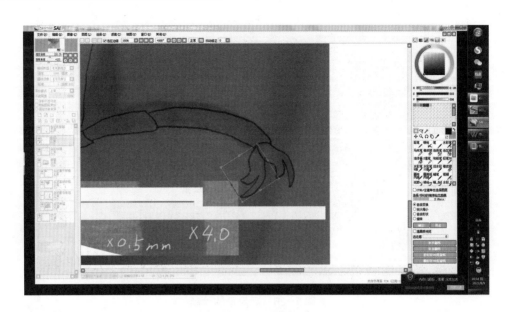

图 5-28　爪的复制

按下"Ctrl"键，用感应笔轻轻拖动刚才复制的爪，将其移动到合适位置，注意使两个爪的大小更加协调一致（图 5-29）。确认满意后，点击画布左侧的"向下合拼"按钮，使新复制的爪融入"后足线稿"图层中。按下"E"键，启动橡皮擦工具，按下"["或"]"键，将橡皮擦最大直径的大小调整到合适大小，擦去多余的线条（图 5-30），完成爪线稿的修饰和细化。把"后足爪原稿"图层移动到"原稿"图层组中。隐藏"原稿"图层组，只显示后足的线条（图 5-31）。

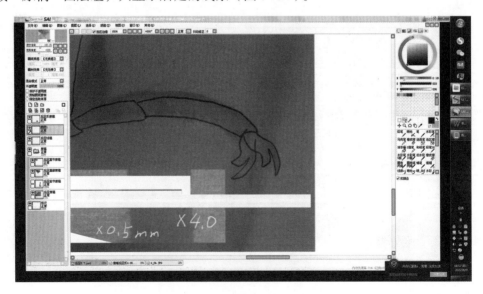

图 5-29　后复制爪位置的微调

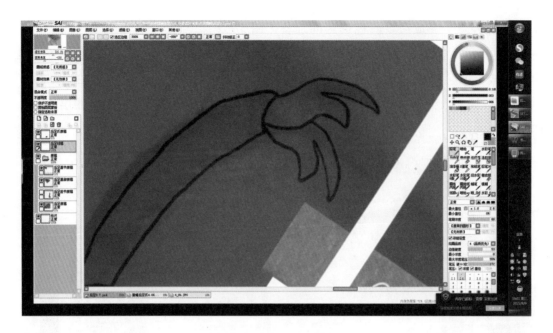

图 5-30　爪线条的细化

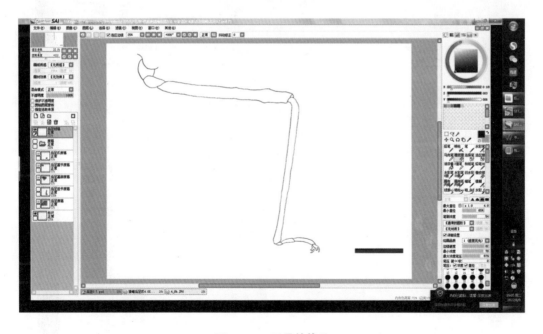

图 5-31　后足的线稿

5.13　后足的上色

在色轮上选择黄褐色作为前景色，点击画布右侧的"魔棒"工具按钮，在后足各节上依次轻点，完成后足底色选区的准备（图5-32）。点击"后足线稿"图层，点击画布左侧的"新建图层"按钮，点击画布右侧的"油漆桶"工具，点击后足各节内部，完成上色。双击已经上色的新建图层，将其命名为"后足底色"（图5-33）。按下"Ctrl+D"键，取消选区。用感应笔把"后足线稿"图层拖到"后足底色"图层的上方（图5-34）。

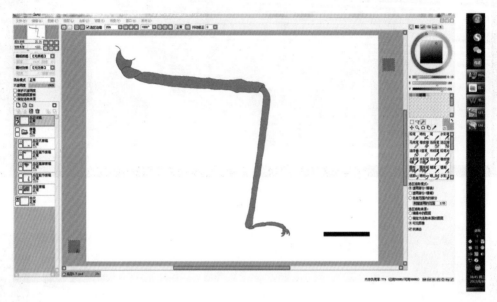

图 5-32　后足底色选区的制作

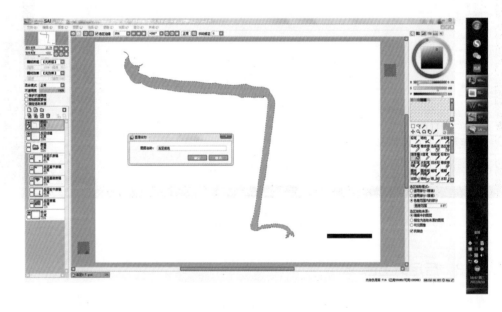

图 5-33　后足底色的添加

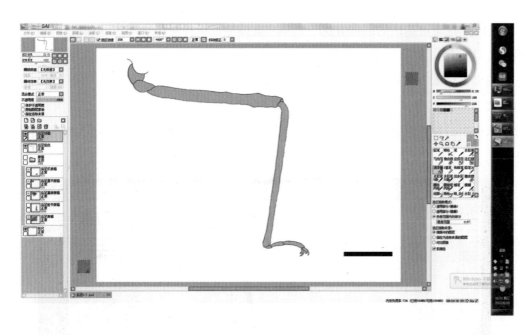

图 5-34 后足线稿图层放置在后足底色图层上方的效果

点击"后足底色"图层，激活变蓝后，点击"新建图层"按钮，将其命名为"后足斑块"。隐藏"后足底色"图层，显示"原稿"图层组及其里面的所有图层（图5-35）。

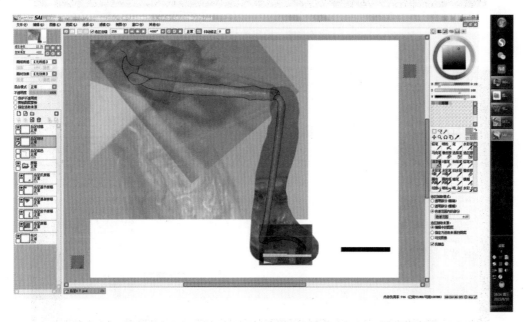

图 5-35 后足斑块的定位

　　参考中足斑块选区的制作方法，利用"选择笔"工具对斑块的边界画线，利用"魔棒"工具，制作出后足斑块的选区，在"后足斑块"图层上，点击"油漆桶"工具，色泽的确认需要在实体显微镜下视检，然后在色轮上选择接近的颜色，最后在制作好的斑块选区上点击，完成斑块的上色（图5-36）。股节和胫节的色斑选择淡红褐色，后足爪端半的颜色选择黑褐色。后足的底色的不透明度可以适当调整到70%左右（图5-37）。

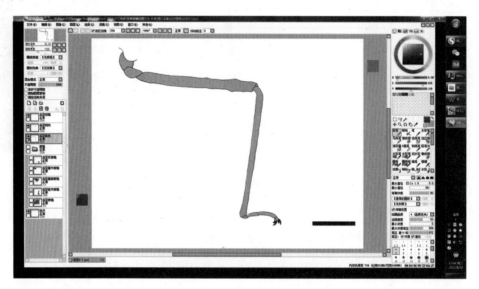

图5-36　后足斑块的上色

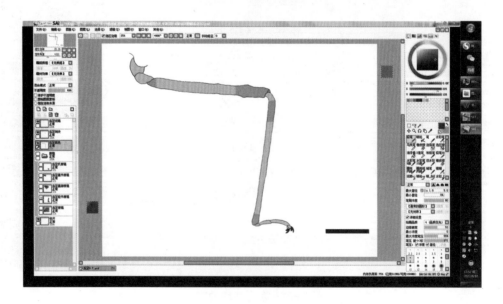

图5-37　后足底色不透明度的调整效果

后足的衬阴处理可参考中足的处理方法（图5-38）。后足高光的表现方法参考中足部分，总体效果如图5-39所示。点击画布右侧的"模糊"工具，对后足斑块连接部位色泽进行细化调整（图5-40）。

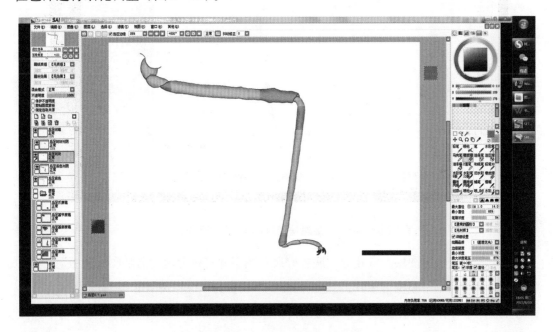

图 5-38　后足斑块的衬阴处理

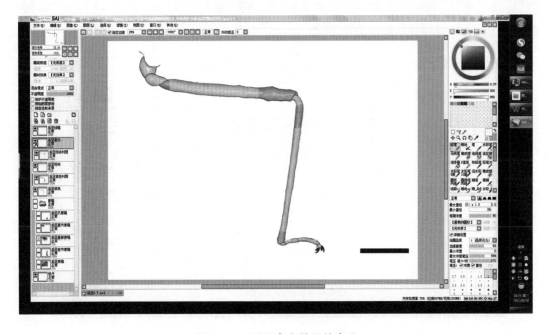

图 5-39　后足高光效果的表现

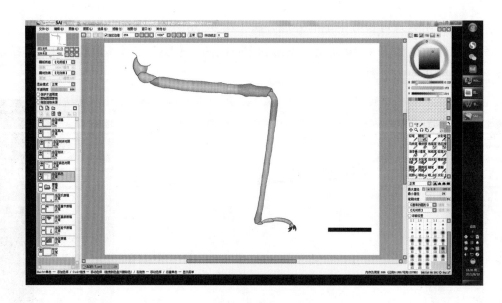

图 5-40　后足斑块连接部位色泽细化调整

在"后足底色"图层上方建立"底色碎斑"图层并将设置为"剪贴图层蒙版",按下"B"键,快捷启动"喷枪"工具,"笔刷的形状"设置为"污垢斑点2",笔尖最大直径设置为450像素,在实体显微镜下视觉检测猎蝽标本后足的碎斑变换,进行喷涂。与上述操作步骤类似,在"后足斑块"图层上建立"斑块内碎斑"图层并将其设置为"剪贴图层蒙版",在后足股节端部和胫节基部的斑块上喷涂出类似的碎斑效果(图5-41)。这里碎斑的处理方法和中足碎斑的绘制方法不同。

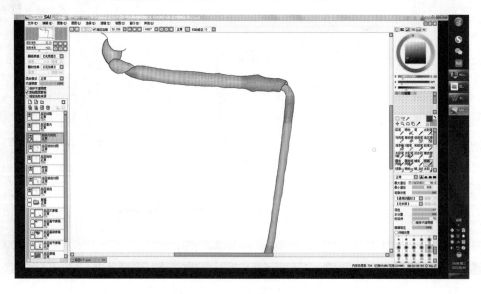

图 5-41　后足碎斑的效果

5.14　后足刚毛的添加

点击"后足线稿"图层，点击"新建图层"按钮，将其命名为"毛"。显示"原稿"图层组中的"后足基部原稿"和"后足胫节原稿"图层。按下"N"键，快捷启动"铅笔"工具，笔尖选择"山峰"形，最大直径选择 3 像素，最小直径设置为 0%，在色轮上选择黄褐色作为前景色。在实体显微镜下仔细检查后足各节的刚毛的形态、粗细、弯直、长短、外伸的角度、密疏程度后，逐一绘制后足的刚毛（图 5-42）。

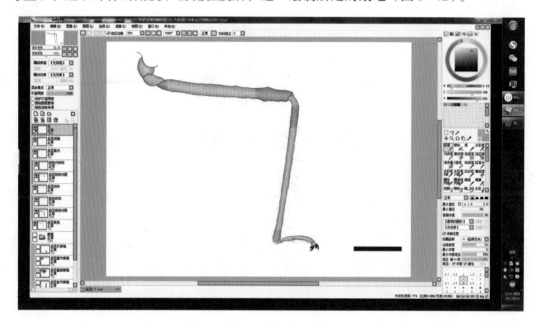

图 5-42　后足刚毛的绘制

对猎蝽后足的总体绘制效果满意后（图 5-43），按下"Ctrl+S"键，保存文件。点击文件下拉框，点选"另存为"，把文件格式由 .psd 改为 .png，再次存盘备用。

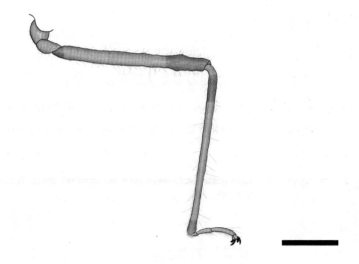

图 5-43　猎蝽后足绘制效果

第 6 章　体躯线稿的绘制

6.1　采集图片标尺的添加

重新启动 SAI 软件，打开 0.7 倍物镜倍数下采集的猎蝽头部、胸部、腹部、膜区的图片文件及标尺文件，其中标尺文件是包含 1mm 的刻度尺，其也是在 0.7 倍物镜下采集的。先点击画布下方的按钮，检查标尺图片"0.7.jpg"，点击矩形选择工具，在标尺上拉一个矩形选区（图 6-1），按下"Ctrl+C"键，依次点击猎蝽头部、胸部、腹部、膜区的图片文件，在每个文件打开之后，分别按下"Ctrl+V"键，复制标尺，按下"Ctrl"键，同时用感应笔将标尺移动至合适位置（图 6-2，图 6-3，图 6-4，图 6-5），然后，点击画布左侧的"向下合拼"按钮，把标尺分别嵌入上述猎蝽形态图片中并分别存盘。

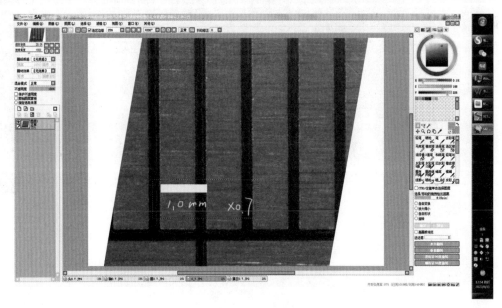

图 6-1　标尺选区的复制

图 6-2　猎蝽的头部

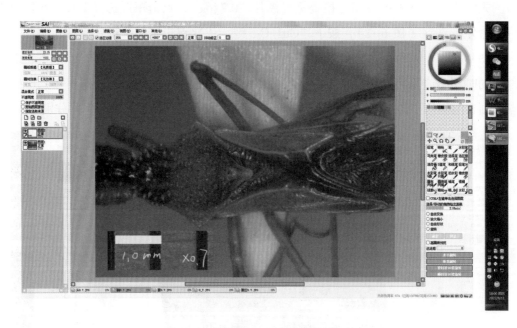

图 6-3　猎蝽的前胸和前翅基部

图 6-4 猎蝽的腹部

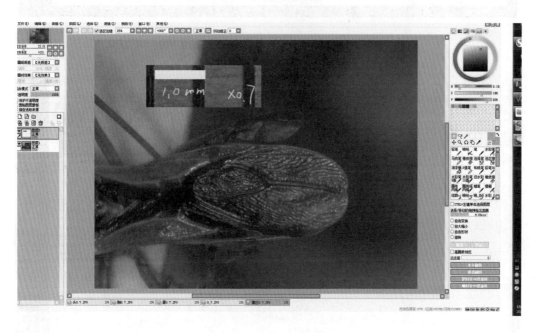

图 6-5 猎蝽的前翅膜区

6.2 psd 格式虫体绘图文件的建立

再次打开"头 0.7.jpg"文件，点击文件下拉框，选择"另存为"，将文件格式改为"psd"格式，文件名称改为"体.psd"，点击"确定"（图6-6）。点击"图像"下拉框，选择"顺时针90度旋转图像"（图6-7）。

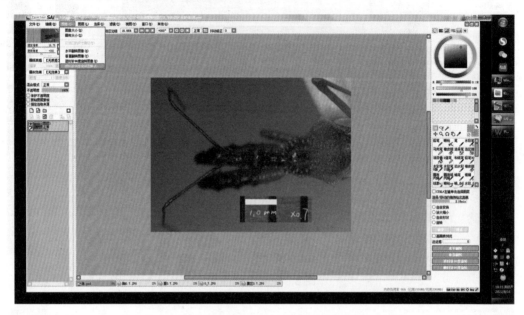

图6-6 头部图片文件格式转存为psd格式

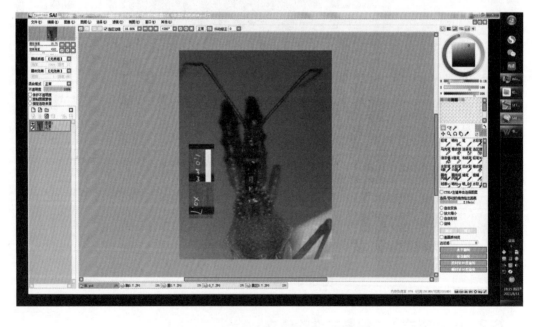

图6-7 画布顺时针旋转90°的效果

6.3　画像大小的调整

头部旋转摆正后，再次点击"图像"下拉框，选择"画像大小"，在弹出的画像大小对话框中，把水平像素由 100% 调低至 20%（图 6-8），点击"确定"。

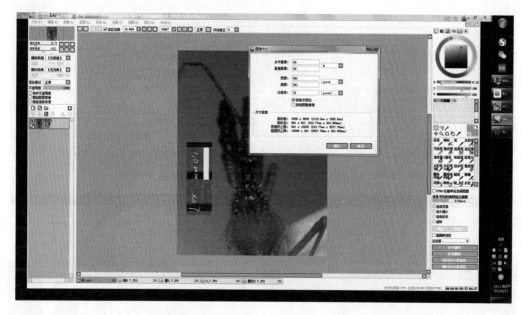

图 6-8　猎蝽头部画像大小的调整

6.4　画布大小的调整

点击"图像"下拉框，选择"画布大小"，在弹出的画布大小对话框中，将宽度由 100% 调高至 200%，把高度由 100% 调高至 300%，把"定位"中的白色小方框移到正中间，点击"确定"（图 6-9）。按下"Ctrl"键，用感应笔把头部图片稍向上方移动一些（图 6-10）。这样可以为其他结构的摆放预留一些空间。

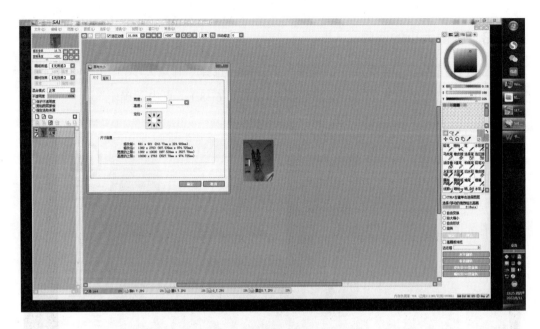

图 6-9　猎蝽头部画布大小的调整

图 6-10　猎蝽头部位置的上移

6.5　头和前胸标尺的长度的校对

点击画布下方的猎蝽胸部图片"胸 0.7.jpg"的按钮，按下"Ctrl+A"键，按下

"Ctrl+C"键，再点击"体 .psd"图片的按钮，按下"Ctrl+V"键，这时会在原来的猎蝽头部图层上方形成一个新图层，将新图层命名为"前胸原稿"。双击原来的图层，将其命名为"头原稿"。再次点击"前胸原稿"图层，按下"Ctrl+T"键，启动自由变换，按下"Shift"键，用感应笔拉动选区的任意一个角，改变图片的大小，但是长宽比例保持不变。将前胸的标尺和头部的标尺调整至近似相等，再把感应笔笔尖移动到选区内部，拖动图片，使两个标尺靠近，按下"Enter"键确认变换结果（图 6-11）。结果确认后，开始对图片进行调整。将"胸部原稿"图层的不透明度降低为 60%（图 6-12），再次按下"Ctrl+T"键，启动自由变换，用感应笔拖动图片的四个角，使得两个不同图层的标尺的长度完全一致（图 6-13）。

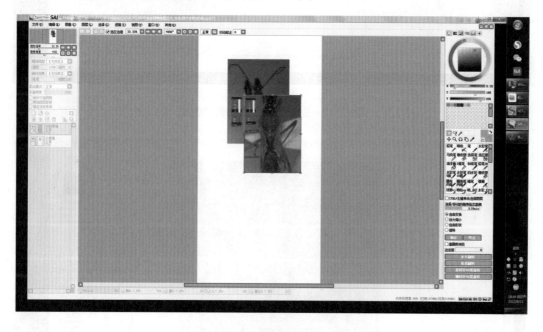

图 6-11　猎蝽胸部的自由变换

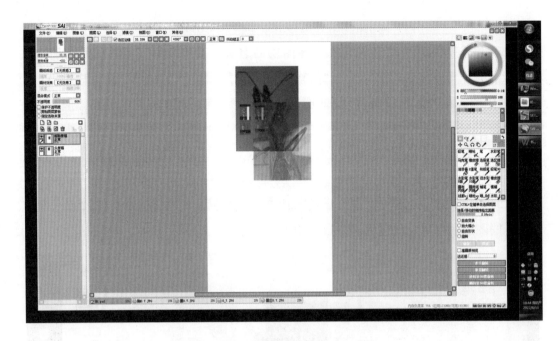

图 6-12　图层不透明度降低的效果

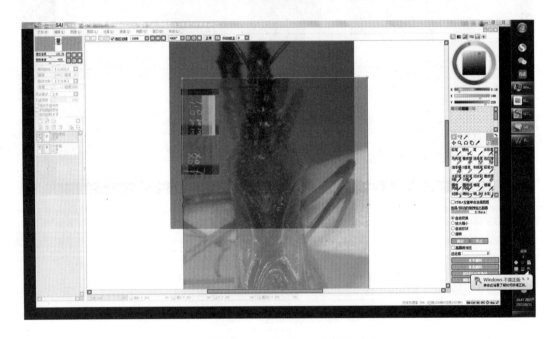

图 6-13　调整不同图层的标尺大小至完全一致

6.6　对称轴图层的建立

在选区外侧滑动感应笔笔尖，调整并摆正前胸的姿态（图 6-14）。点击"新建图层"按钮，将新图层命名为"对称轴"（图 6-15），点击矩形选择工具，在图片中部垂直方向拉一个极狭窄的矩形选区（图 6-16，图 6-17），在色轮上选择黑色为前景色，点击"油漆桶"工具，在对称轴极细的选区内轻点一下，对称轴被填充为黑色（图 6-18），按下"Ctrl+D"键，取消选区。点击"重置视图的显示位置"，检查对称轴的效果（图 6-19）。

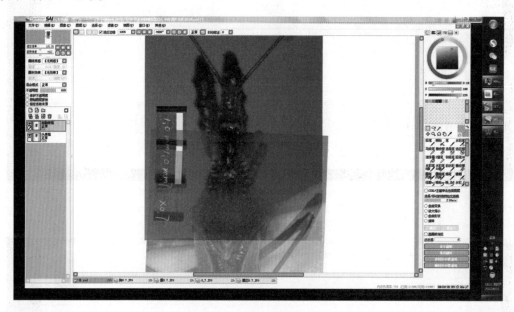

图 6-14　前胸姿态的调整

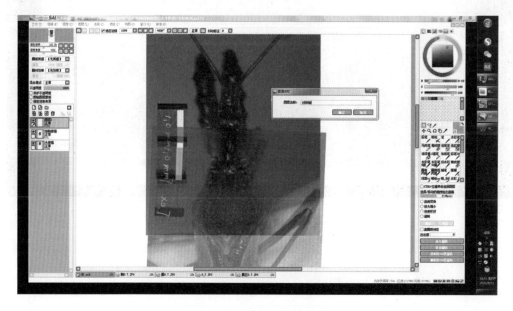

图 6-15　建立对称轴图层

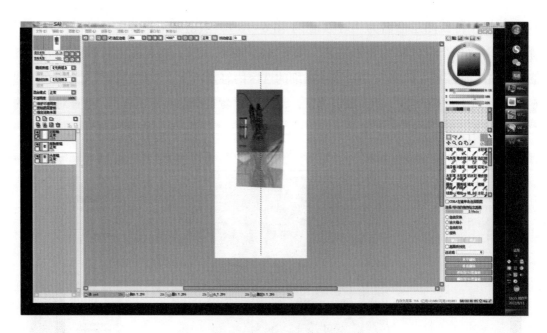

图 6-16　制作对称轴极细的矩形选区

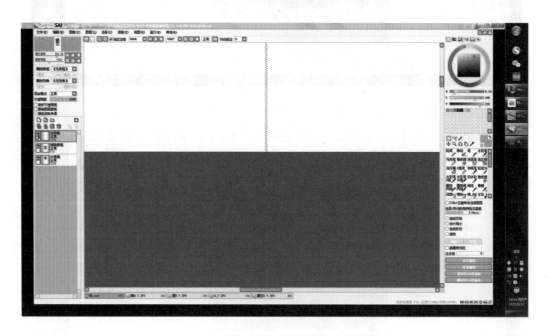

图 6-17　视图放大 600 倍的对称轴选区

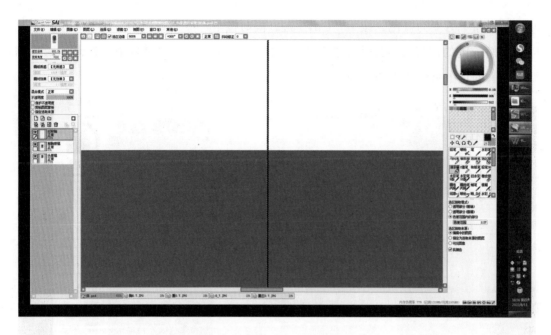

图 6-18　用黑色对对称轴选区填色

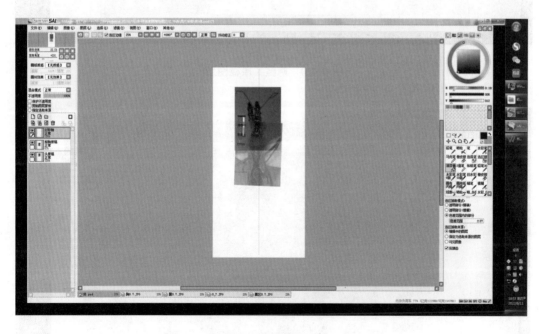

图 6-19　对称轴的效果

6.7　前胸背板的摆正

隐藏"头原稿"图层（图 6-20），点击"前胸原稿"图层，激活该图层后，画布

131

左侧的按钮下方变为蓝色，按下"Ctrl"键，同时按下"←"或"→"键，每按一下可以使猎蝽前胸的位置微微发生调整，在按动"←"或"→"键的过程中，逐渐把对称轴调到前胸的正中央位置（图6-21）。

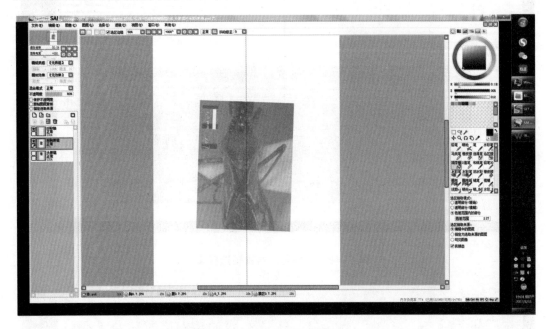

图6-20　隐藏头原稿图层

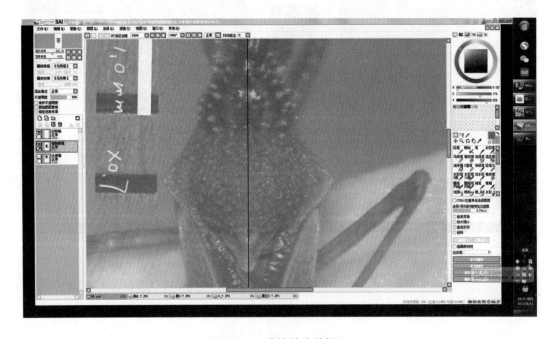

图6-21　猎蝽前胸的摆正

6.8　前胸背板摆正及对称的校验

点击矩形选择工具，在对称轴左侧的前胸背板上拉一个矩形选区，按下"Ctrl+C"键，复制选区（图 6-22），按下"Ctrl+V"键，会自动产生一个新的图层，该图层包含了复制的前胸左侧选区（图 6-23），按下"Ctrl+T"键，进行自由变换，点击画布右侧的"水平翻转"按钮（图 6-24），按下"Ctrl+D"键，取消选区。将新图层的不透明度调整为 50%，按下"Ctrl"键，同时按下"→"键，把新图层从左侧移动到右侧，先检查前胸背板侧角的长度是否完全吻合（图 6-25），再按下"↑"或"↓"键，检查前胸背板的前角是否完全吻合（图 6-26）。如果侧角吻合而前角不吻合，需要对"前胸原稿"图层再次启动自由变换，进行图像的旋转调整。如果侧角和前角都不吻合，则继续水平移动"前胸原稿"图层，先调整侧角对齐，再旋转前角对齐。每次调整完成后，再次对左侧前胸背板进行复制翻转和向右侧平移，重新校正前胸背板的姿态。直到完全满意后，再删去临时复制的左侧前胸的复制图层。同时将"前胸原稿"图层的不透明度恢复至 100%（图 6-27）。

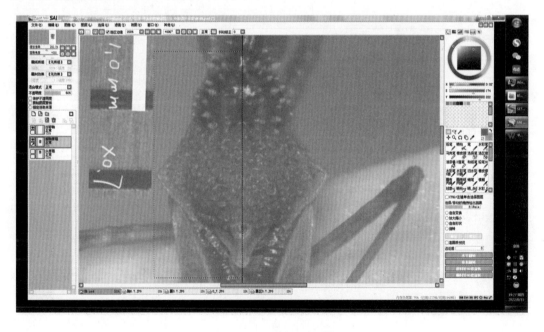

图 6-22　左侧前胸的复制

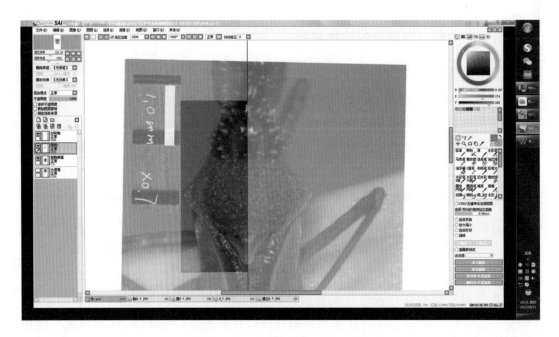

图 6-23　前胸左侧选区的复制

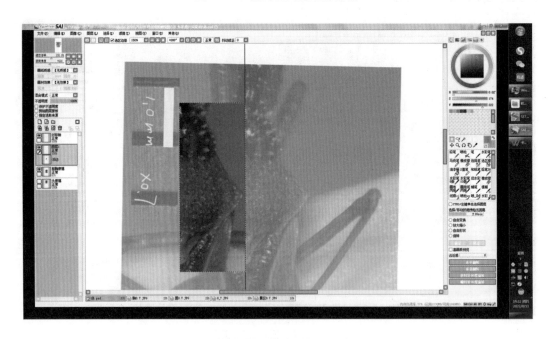

图 6-24　左侧前胸背板选区的"水平翻转"

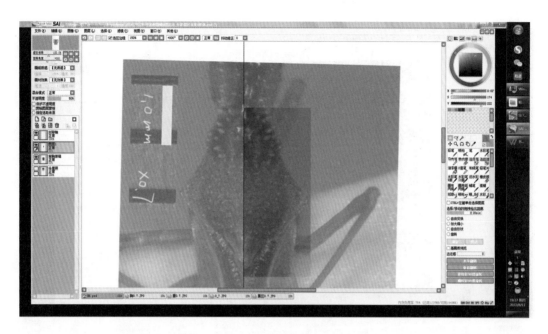

图 6-25　翻转后的左侧前胸背板（右侧）和正常的右侧前胸背板略有不齐的情景

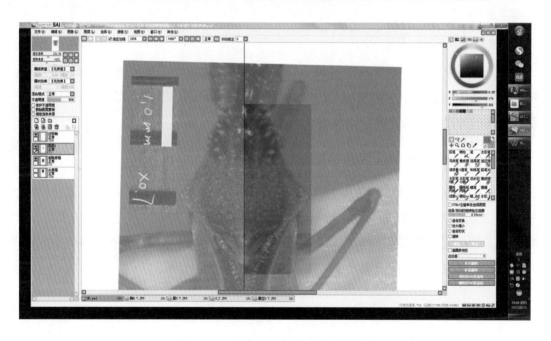

图 6-26　左右侧完全对齐的猎蝽前胸

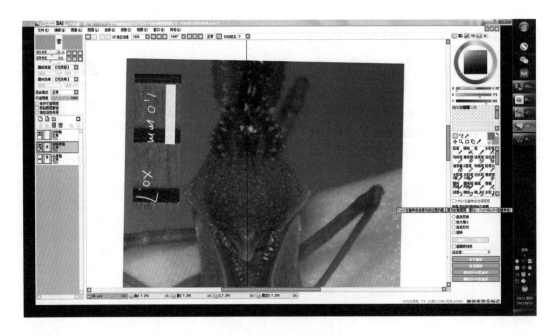

图 6-27　摆正的猎蝽前胸

6.9　头部的摆正

点击画布上方的"重置视图的显示位置"按钮，重新把"前胸原稿"图层的不透明度调整为 50%，显示"头原稿"图层，重复前面的操作，把头部摆正，并且注意头部和前胸的连接要准确，不能随意改变头部的长度。

6.10　头部和胸部线稿的绘制

点击"对称轴"图层，在其上方建立"体线稿"图层，按下"N"键，快捷启动"铅笔"工具，笔尖形状选择"山峰"形，最大直径选择 5 像素，在色轮上选黑色作为前景色，绘出猎蝽头部和前胸的轮廓线（图 6-28）。隐藏"前胸原稿"和"头原稿"图层，将头和前胸的线稿显露出来（图 6-29）。

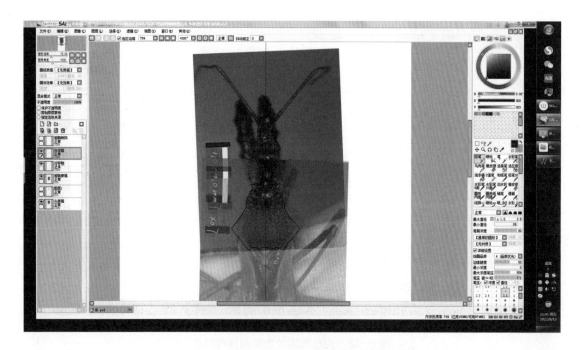

图 6-28　在猎蝽头和前胸原稿上描绘外轮廓线

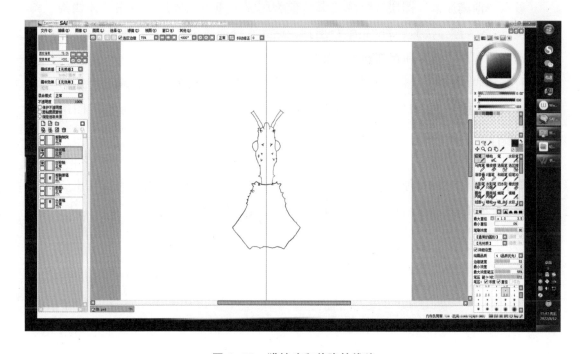

图 6-29　猎蝽头和前胸的线稿

点击"新建图层"按钮，将其命名为"头 – 前胸刺突 – 刻点"，把头部和前胸的刺突及大型刻点依次绘出（图 6-30）。

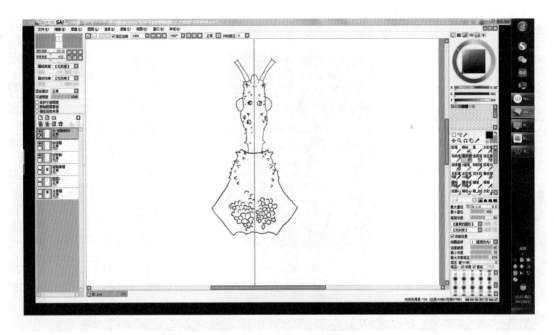

图 6-30　头及前胸的大型刺突和刻点

　　显示"前胸原稿"图层，隐藏"头－前胸刺突－刻点"图层，点击"体线稿"图层，按下"N"键，快捷启动"铅笔"工具，最大直径选择 5 像素，其他铅笔参数不变，继续绘制前翅、小盾片和腹部前半的轮廓。

　　打开"腹 0.7.jpg"图片文件，点击矩形选择工具，在腹部后半拉出一个矩形选区（图 6-31）。按下"Ctrl+C"键，点击"体 .psd"文件，点击"前胸原稿"图层，按下"Ctrl+V"键，将新复制的图层命名为"腹部原稿"。按下"Ctrl+T"键，启动自由变换，把腹部原稿的标尺和原来头部的标尺调成大小相同，然后旋转并移动腹部原稿，使得其轮廓线和"胸部原稿"的轮廓线吻合一致，按下"Enter"键，确认自由变换结果，按下"Ctrl+D"键，取消选区，将不透明度调整为 50%。

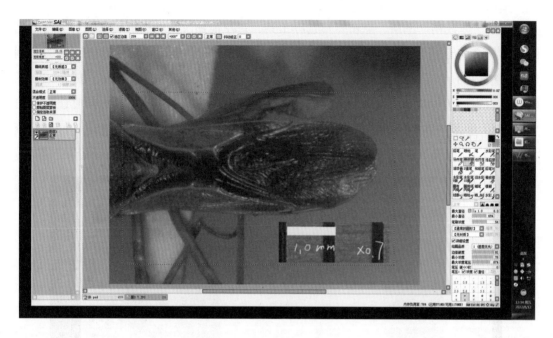

图 6-31　猎蝽腹部选区的制作

　　点击"体线稿"图层，按下"N"键，快捷启动"铅笔"工具，其他参数不变，继续绘制腹部轮廓线（图 6-32）。点击"对称轴"图层，点击"新建图层"按钮，将其命名为"腹部斑块"，把左侧腹部侧接缘的两个黑斑的前后边界轮廓描出。

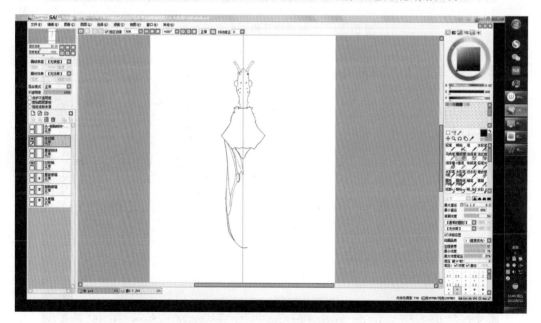

图 6-32　猎蝽的轮廓线

点击"体线稿"图层，点击矩形选择工具，在左前翅及左侧腹部轮廓线和对称轴之间拉出一个矩形选区。点击"Ctrl+C"键，点击"Ctrl+V"键，复制该选区到新的复制图层（图6-33）。启动自由变换，点击画布右侧的"水平翻转"（图6-34），按下"Enter"键确认自由变换结果，按下"Ctrl+D"键，取消选区。按下"Ctrl"键的同时连续点击"→"键，把复制并翻转的前翅和腹部轮廓线移动到虫体的右侧（图6-35）。仔细检查左右翅和左右腹部轮廓线的对称性，确认完全对称。点击画布左侧的"向下合拼"按钮。

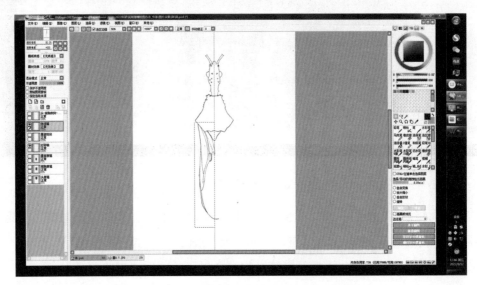

图 6-33　左侧前翅及腹部轮廓线的复制

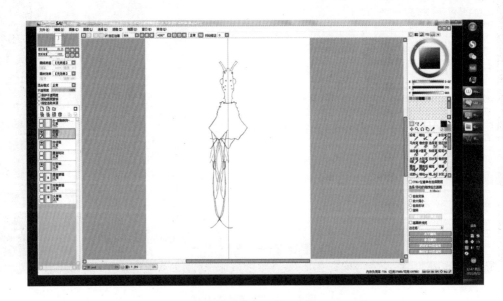

图 6-34　翻转左侧前翅及腹部轮廓线的复制图层

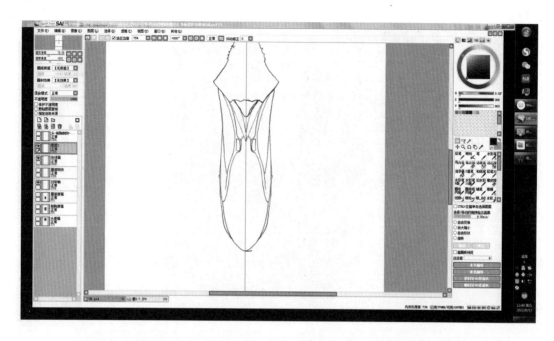

图 6-35　猎蝽左前翅及腹部轮廓线的复制图层翻转后平移到虫体右侧的效果

点击画布右侧的"套索"工具，点击"体线稿"图层，把头部线稿圈选起来（图6-36），按下"Ctrl+X"键，按下"Ctrl+V"键，为头部线条单独制作一个图层（图6-37），并将其命名为"头线稿"。利用前面讲解的对称校对方法，校对头部左右的轮廓线的对称性，并进行适当的修正。显示并点击"头－前胸刺突－刻点"图层，去掉头部及前胸重复的刺突。

图 6-36　头部线稿选区的制作

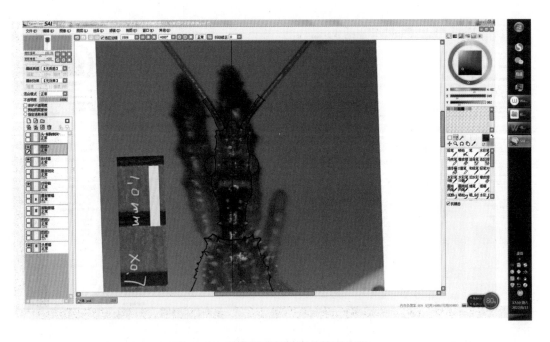

图 6-37　头部线稿图层的复制和制作

6.11　水平尺图层的建立

点击"腹部斑块"图层，点击"新建图层"按钮，将其命名为"水平尺"，点击矩形选择工具，在画布上拉一个细的横向矩形条，在色轮上选择黄色，然后点击"油漆桶"，在选区内点击一下，将选区填充为黄色，再将不透明度调整为 30%。

按下"Ctrl"键，同时用笔尖拉动水平尺至复眼的上沿，检查左右复眼的对称性，隐藏"头－前胸刺突－刻点"图层（图 6-38）。

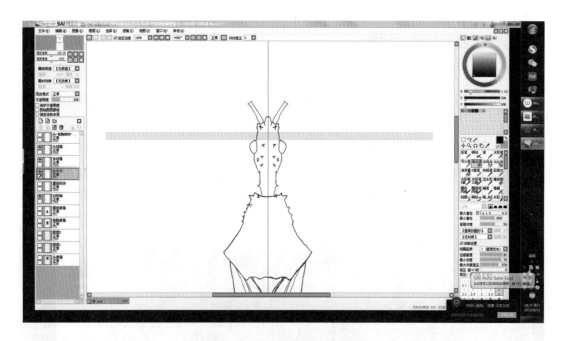

图 6-38　检查两复眼的对称性

对其他部位的线条进行修饰时，清理多余线条，检查各部位的对称性（图 6-39）。

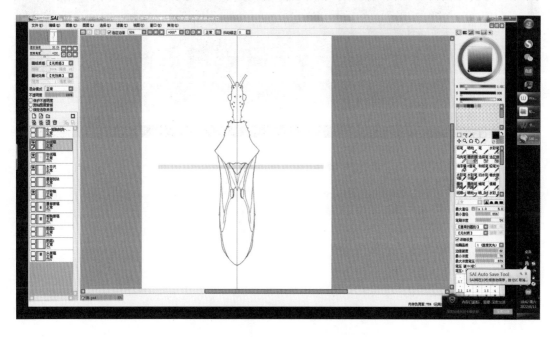

图 6-39　前胸背板后角的位置校对

6.12 膜片翅脉的绘制

打开"膜区0.7.jpg"图片文件，点击矩形选择工具，拉出一个矩形选区，把膜区和标尺包括在内，按下"Ctrl+C"键，点击画布下方的"体.psd"文件按钮，按下"Ctrl+V"键，会形成一个复制图层（图6-40），将其命名为"膜区原稿"（图6-41）。

参考前面标尺图层的制作方法，制作一个1mm的标尺图层。点击"膜区原稿"图层，将不透明度调整为80%，按下"Ctrl+T"键，启动自由变换，将本图层标尺和"标尺"图层中的标尺的长度调整一致。

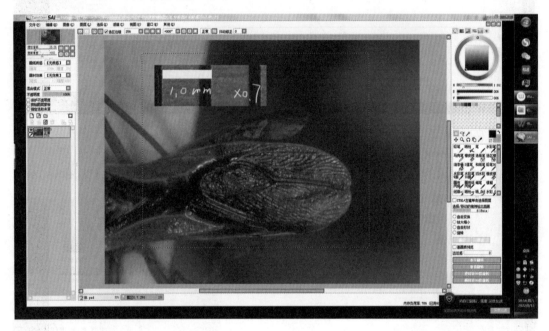

图6-40　膜区的复制

图 6-41 膜区原稿图层的建立

对齐"膜区原稿"图层与"体线稿"图层的轮廓，点击"体线稿"图层，启动"铅笔"工具，笔尖形状和大小保持不变，前景色仍为黑色，补绘出膜区上的翅脉（图6-42）。对其他轮廓线，也进行适当修改。

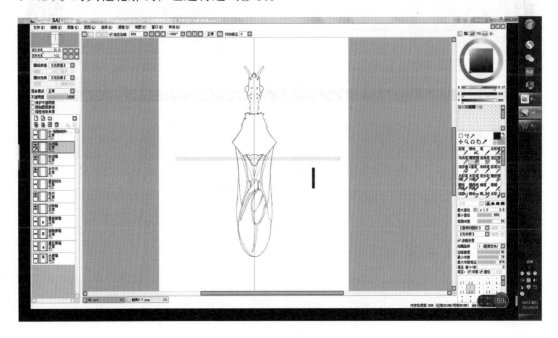

图 6-42 膜区翅脉的绘制

6.13　附肢的组装

打开"触角 0.7.png"图片文件，按下"Ctrl+A"键，再按下"Ctrl+C"键，点击画布下方的"体.psd"文件按钮，点击"水平尺"图层，按下"Ctrl+V"键，将新产生的复制图层命名为"触角"，按下"Ctrl+T"键，启动自由变换，将标尺和整体图的标尺调整为等长，然后将触角拖动至头部（图 6-43）。点击"图像"下拉框，点选"画布大小"，将定位小白方块调整到九宫格的正中，将宽度由 100% 改为 150%（图 6-44），点击"确定"，画布变宽。按下"Ctrl"键，用笔尖将触角拖动到头部，仔细核对连接部位，使得触角自然协调（图 6-45）。关闭"触角 0.7.png"文件。

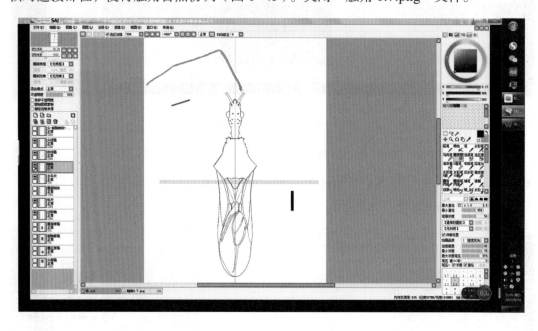

图 6-43　触角姿态的调整

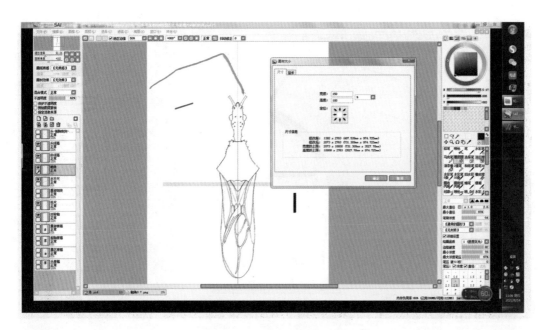

图 6-44　图像画布的调整

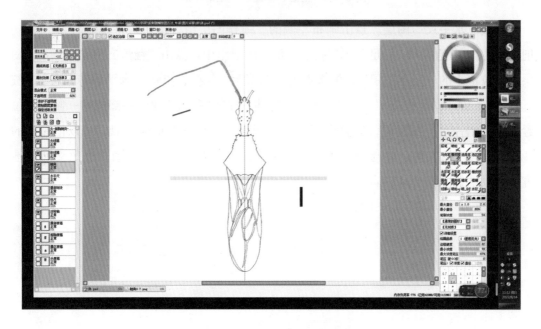

图 6-45　触角连接部位的调整

与上述操作步骤类似，把前足、中足、后足依次添加到整体图 "体 .psd" 中（图 6-46）。

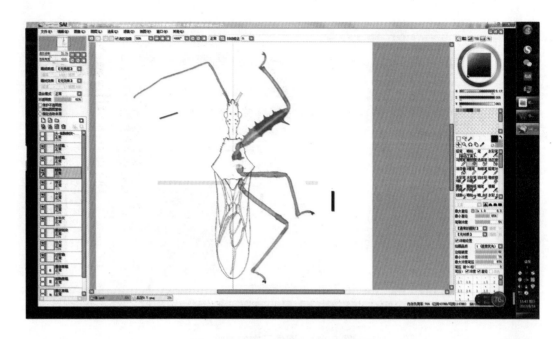

图 6-46 前足、中足、后足的添加

　　隐藏"水平尺"图层。点击画布左侧的"新建图层组"按钮，将其命名为"足"。把"前足""中足"和"后足"图层拉入"足"图层组中。点击"触角"图层，点击"图层"下拉框中的"复制图层"，再次点击"图层"下拉框，点选"水平翻转图层"，按下"Ctrl"键，同时点击"→"或"←"键，把复制的右触角摆到头部的另一侧对称位置上。点击"足"图层组，对整个图层组进行操作。与以上步骤类似，可以把左侧的3足摆到身体的左侧，并与身体右侧3足对称，并仔细擦除触角和消除前足交叉的地方的背景干扰（图6-47）。

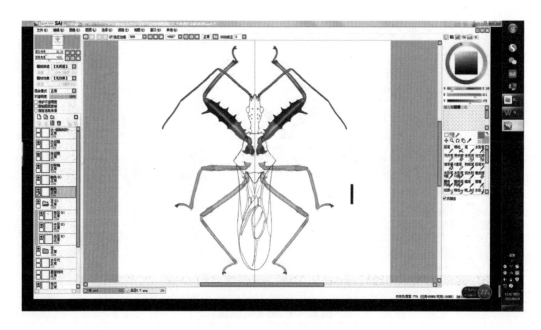

图 6-47　对称附肢的制作

6.14　图片的裁切

点击矩形选择工具，在图片上拉一个矩形，去掉多余的边（图 6-48）。点击"图像"下拉框，选择"以选区的尺寸裁切"（图 6-49），按下"Ctrl+D"键，取消选区。

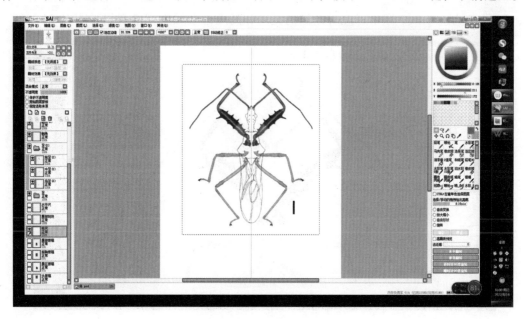

图 6-48　图片裁切的选区

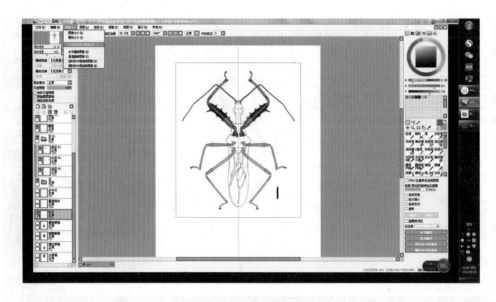

图 6-49　画布的裁切

6.15　画布的调整

点击"画像"下拉框，选择"画像大小"按钮，在"画像大小"对话框里（图6-50），将"水平像素"由100%调整到300%，点击"确定"。再次点击"画像"下拉框，选择"画像大小"按钮，在"锁定图像像素"选项前方点选"√"，将分辨率由76像素调整为300像素，此时画像的宽度和高度也会发生相应变化（图6-51）。

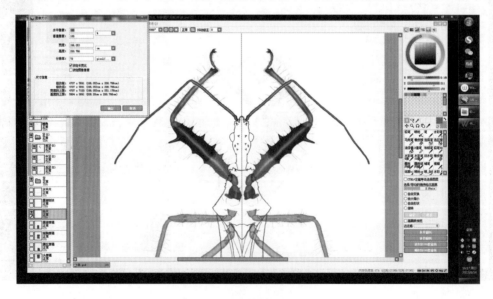

图 6-50　画像大小对话框

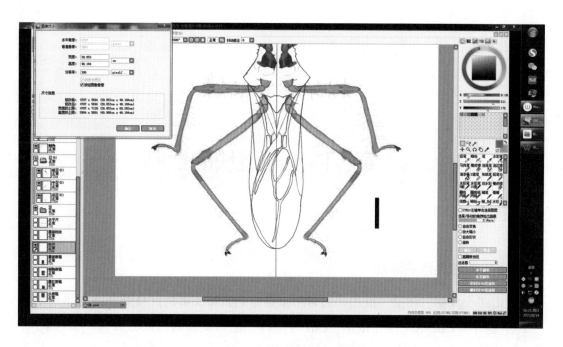

图 6-51 分辨率调整为 300

双击"触角（2）"图层，将其命名为"右触角"。双击"足（2）"图层组，将其命名为"左 3 足"图层组。隐藏所有图层和图层组，仅保留"头线稿"和"体线稿"图层。点击"新建图层"按钮，将其命名为"头底色"。

第7章 体色和斑块的绘制

7.1 头部底色的添加

点击"头线稿"图层，点击"套索"工具，把猎蝽头部的巨型刺突圈选起来（图7-1）。按下"Ctrl+X"键，按下"Ctrl+V"键，把新复制的图层命名为"头巨刺"，隐藏此图层。

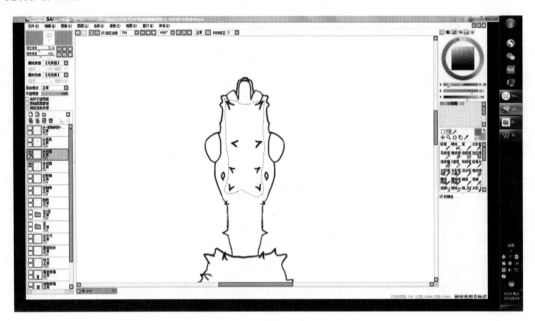

图7-1 头部巨型刺突的圈选

点击"头线稿"图层，点击"新建图层"按钮，将其命名为"头底色"。再次点击"头线稿"图层，点击"魔棒"工具，点击头部中央区域中头部前方的未被选中的空白区域，点击"选择笔"工具，选择合适大小的笔尖，直接涂画此区域，点击"头底色"

图层，点击"油漆桶"工具，在实体显微镜下仔细检查头部的色泽，选择最接近的黄褐色作为前景色，在选区内点击，头部被填上黄褐色（图 7-2）。

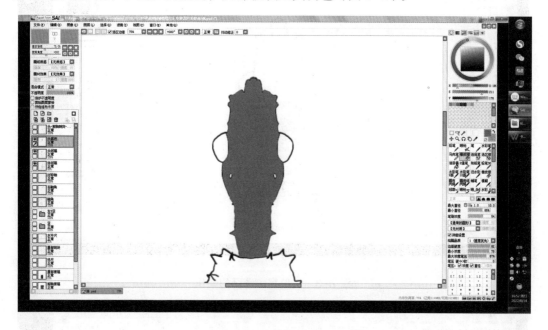

图 7-2　头部底色的添加

7.2　头部黑斑上色

隐藏"头底色"图层，显露"头原稿"图层，点击"头线稿"图层，按下"N"键，快速启动"铅笔"工具，前景色改为黑色，笔尖大小设置为 5 像素，笔尖形状选"山峰"形，绘制头部前叶和后叶的边界，同时绘出后叶黄斑的边缘。隐藏"头原稿"图层，点击"头线稿"图层。点击"魔棒"工具，点击头后叶黑斑内部，选中的选区将变为蓝色（图 7-3），点击"新建图层"，点击"油漆桶"工具，前景色选择黑色，再点击头部黑斑选区，填上黑色（图 7-4）。双击此新建图层，将其命名为"头斑块"。

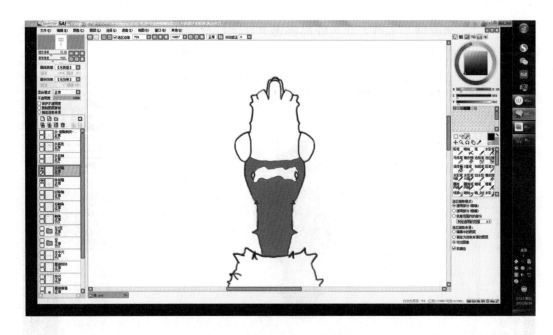

图 7-3　头部黑斑选区的制作

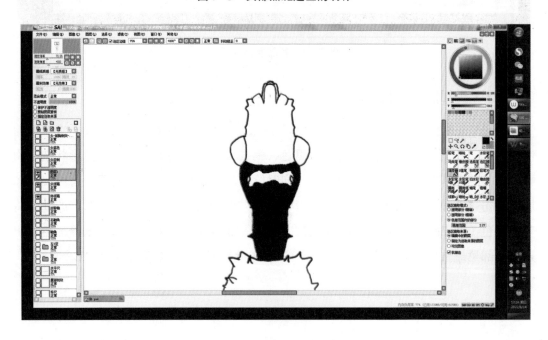

图 7-4　头部黑斑的上色

7.3　头部橙斑的上色

按下"Ctrl+D"键，取消选区。隐藏"头斑块"图层，点击"头线稿"图层，再次点击"魔棒"工具，在两单眼之间的黄斑上点击，制作黄斑选区（图 7-5），点击"新建图层"，点击"油漆桶"工具，在色轮上选择亮橙黄色为前景色，点击黄斑选区上色（图 7-6）。双击此新建图层，将其命名为"头橙斑"图层，用笔尖将本图层移动到"头底色"图层上方。再将"头斑块"图层移动到"头橙斑"图层下方，将"头线稿"图层移动到"头橙斑"图层的上方。显露"头斑块"图层和"头底色"图层（图 7-7）。

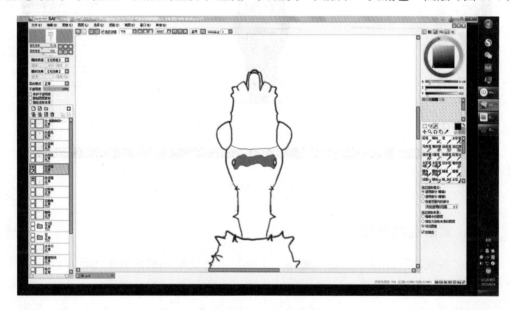

图 7-5 头部黄斑选区的制作

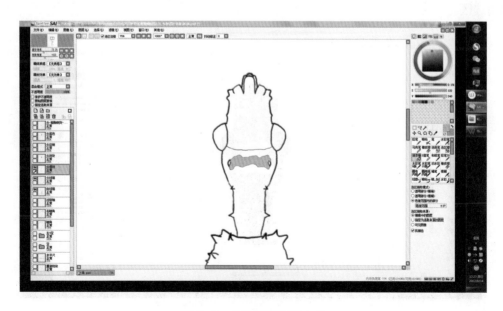

图 7-6 头部橙黄斑的上色

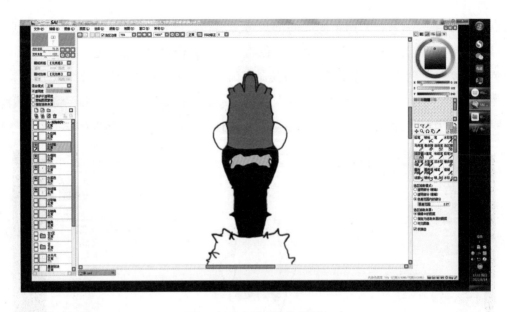

图 7-7　头部斑块的绘制

7.4　复眼底色填充

点击"头线稿"图层，点击"魔棒"工具，点击复眼，制作复眼选区。点击"新建图层"，点击"油漆桶"工具，视检复眼的颜色为暗褐色，在色轮上选择最接近的暗褐色，在复眼选区上轻点，将本图层命名为"复眼底色"（图 7-8）。按下"Ctrl+D"键，取消选区。

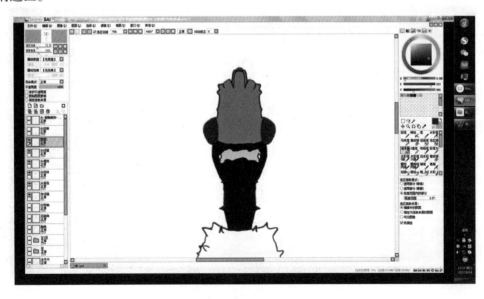

图 7-8　复眼的上色

7.5　单眼底色填充

点击"头线稿"图层，点击"魔棒"工具，点击单眼，制作单眼选区。点击"新建图层"，点击"油漆桶"工具，在色轮上选择灰白色，在单眼选区上轻点，将本图层命名为"单眼底色"。按下"Ctrl+D"键，取消选区（图 7-9）。把"头线稿"图层移动到"复眼底色"图层上方。

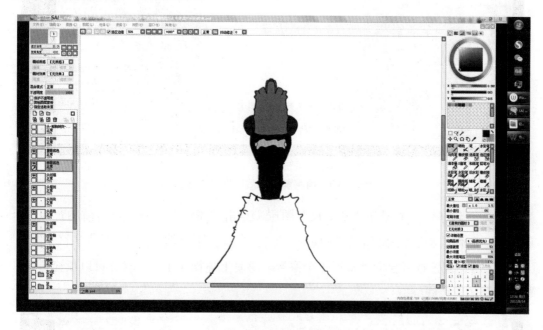

图 7-9　单眼底色的添加

7.6　前胸底色的添加

显示"前胸原稿"图层，点击"体线稿"图层，按下"N"键，快捷启动"铅笔"工具，笔尖大小选择 5 像素，笔尖形状选择"山峰"形，在线稿上绘出前胸前叶和后叶的分界线。隐藏"前胸原稿"图层。显示"对称轴"图层，显示"水平尺"图层，将这两个图层移动到前胸中部协助判断线条的对称效果（图 7-10）。

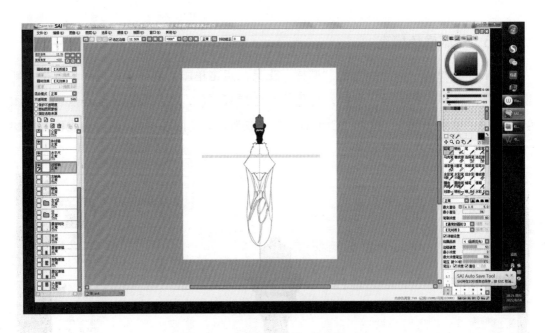

图 7-10　前胸前叶和后叶界限的区分

　　隐藏"对称轴"图层和"水平尺"图层，点击"魔棒"工具，点击前胸背板前叶和后叶，制作前胸底色选区（图 7-11）。点击"选择"下拉框，点选"扩大选区 1 像素"（图 7-12），蓝色选区会向外扩展 1 个像素。重复上述操作 1 次。这样可以填充选区和轮廓之间的白色线缝。

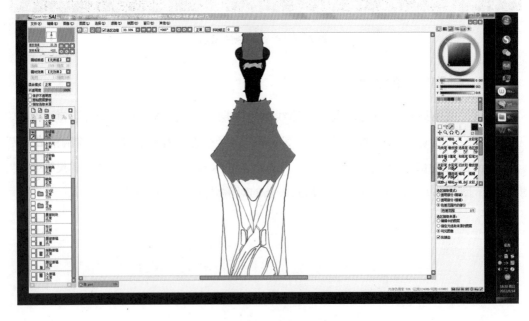

图 7-11　制作前胸底色选区

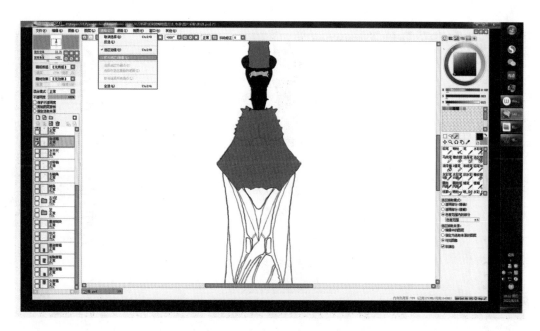

图 7-12　扩大选区 1 像素

　　点击"新建图层"，将其命名为"前胸底色"，在色轮上点击淡黄褐色作为前景色，点击画布右侧的"油漆桶"工具，在前胸选区内点击，完成上色。按下"Ctrl+D"键，取消选区。隐藏"前胸底色"图层。

　　点击"体线稿"图层，点击"魔棒"工具，点击前胸背板前叶，点击"新建图层"，将其命名为"前胸暗斑"（图 7-13），在色轮上点击暗褐色作为前景色，点击画布右侧的"油漆桶"工具，在前胸选区内点击，完成上色。按下"Ctrl+D"键，取消选区（图 7-14）。把"前胸暗斑"图层移动到"前胸底色"图层上方。显露"前胸底色"图层（图 7-15）。

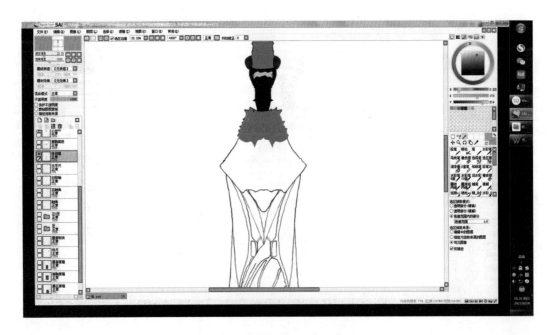

图 7-13　前胸暗斑选区的制作

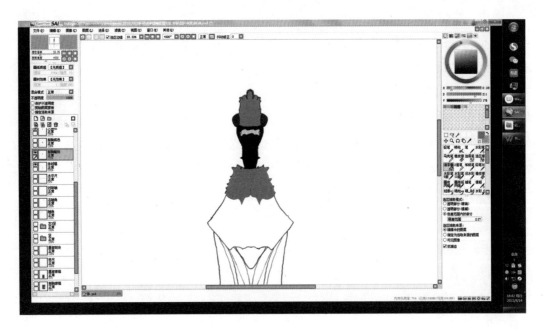

图 7-14　前胸暗斑的上色

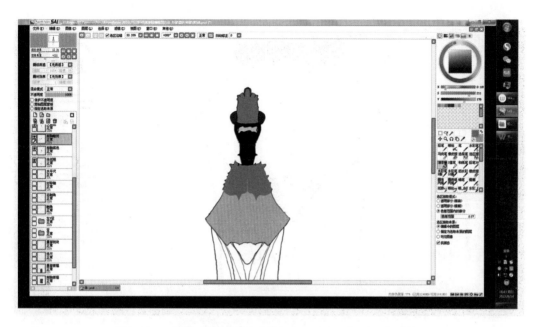

图 7-15　前胸暗斑图层移动到前胸底色图层的上方的效果

7.7　小盾片底色的添加

隐藏"前胸底色"图层，显示"前胸原稿"图层和"对称轴"图层。点击"体线稿"图层，启动"铅笔"工具，笔尖大小设置为 5 像素，笔尖形状设置为"山峰"形，绘出小盾片的"Y"型纵脊。点击"魔棒"工具，点击小盾片"Y"型纵脊基部的暗斑区和纵脊外侧的区域，制作小盾片底色选区，点击"新建图层"，点击"油漆桶"工具，选择暗褐色作为前景色，点击上述选区，完成小盾片底色的上色（图 7-16）。与上述步骤类似，将小盾片"Y"型脊的颜色涂为淡黄色，并建立"Y 型脊"图层（图 7-17）。

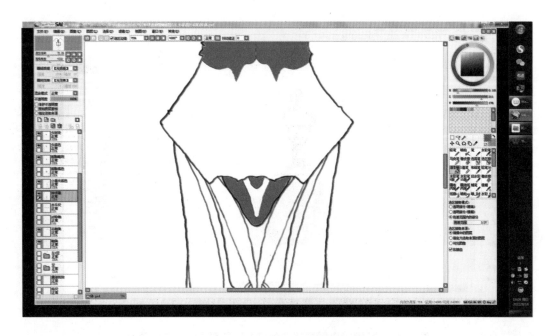

图 7-16　小盾片底色的上色

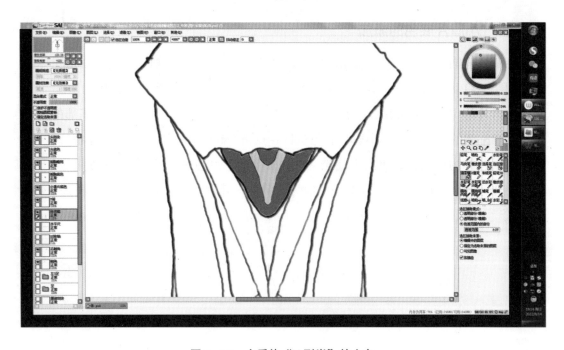

图 7-17　小盾片"Y 型脊"的上色

7.8　前翅的上色

点击"体线稿"图层，采用类似的方法制作前翅的淡斑选区，制作"前翅淡斑"

图层，前翅淡斑的颜色和小盾片"Y"型脊的颜色较为接近（图 7-18）。

　　同样，对猎蝽前翅的暗色区域，制作"前翅暗斑"图层，前翅淡斑的颜色和前胸背板前叶的颜色较为接近（图 7-19）。这些区域包括前翅的爪片、革片的内侧和膜片。

　　与小盾片底色的添加步骤类似，对前翅及相关区域的未上色的小碎斑进行上色，并建立"前翅碎斑图层"（图 7-20）。

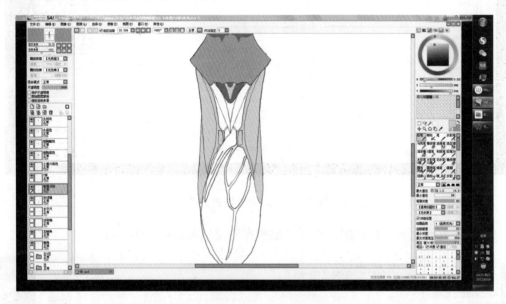

图 7-18　前翅淡斑的上色

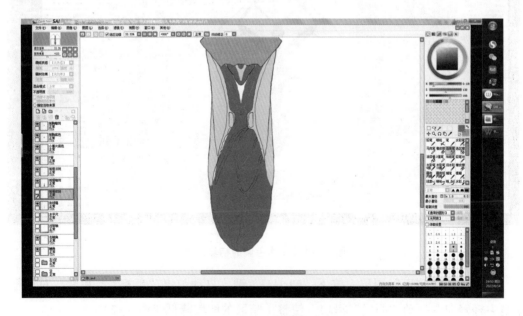

图 7-19　前翅暗斑区域的上色

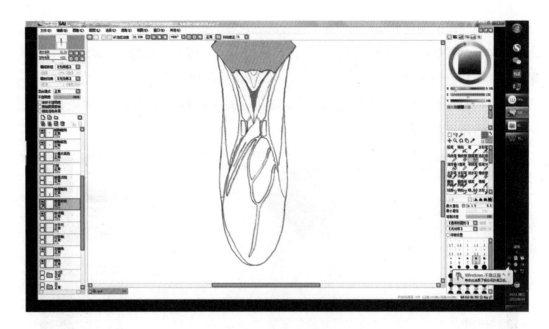

图 7-20　前翅碎斑的上色

显露所有底色和上色图层，显露各足所在图层组及图层（图 7-21）。

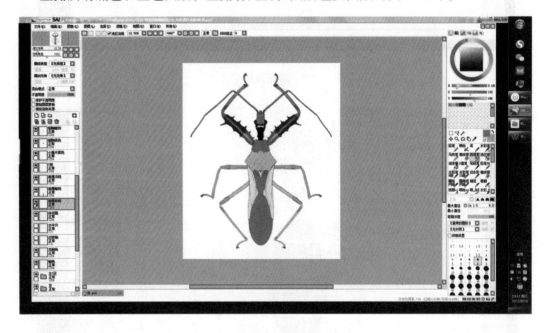

图 7-21　整体色调的初步效果

点击"前翅暗斑"图层，按下"Ctrl+U"键，自动弹出"色相 / 饱和度"对话框，用笔尖轻轻向左拉动"明度"滑块，使整个暗区的明度降低（图 7-22）。

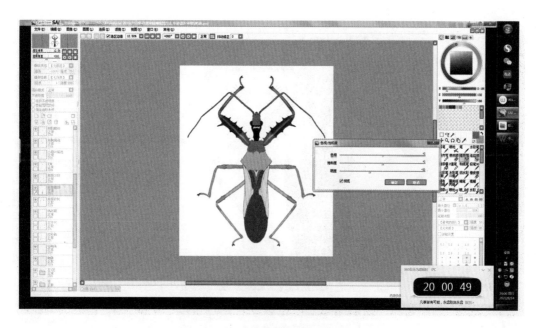

图 7-22 前翅暗斑明度的降低

隐藏"前翅暗斑""前翅淡斑"和"前翅碎斑"图层。显露"腹部原稿"图层，点击"体线稿"图层，点击"选择笔"工具，最大直径设置为 5 像素，在革片端部画出暗斑的界线。隐藏"腹部原稿"图层，点击"魔棒"工具，点击前翅革片端部的暗斑，制作好暗斑选区。点击"新建图层"，显露"前翅暗斑"图层，按下"Alt"键，快捷启动取色工具，在前翅膜片上的暗斑区域取色。用笔尖点击画布右侧的"HSV"滑块组的"S"滑块，向左侧滑动，降低饱和度，点击"V"滑块向右滑动，提高明度，同时在实体显微镜下视检标本，选最接近的颜色，点击"油漆桶"工具，对前翅革片端部的暗斑进行上色（图 7-23）。将该新建图层命名为"革片暗斑"。把"革片暗斑"图层移动到"前翅淡斑"图层的上方。

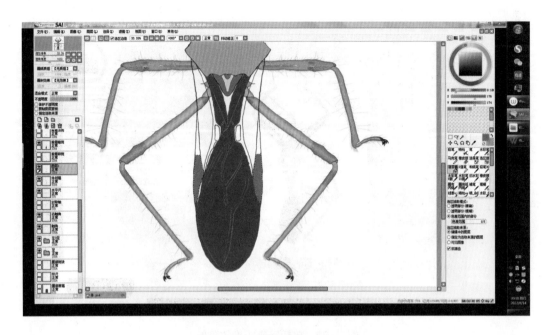

图 7-23　前翅革片的暗斑上色

显露所有底色和上色图层，再次查看上色的初步效果（图 7-24）。

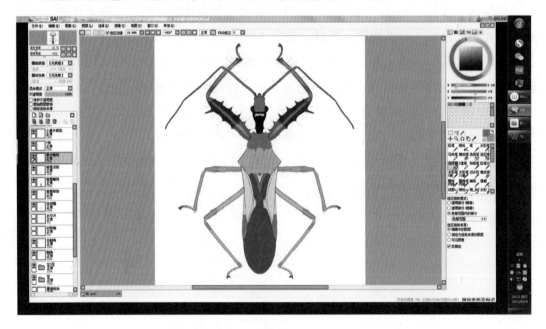

图 7-24　猎蝽上色的初步效果

7.9　前翅爪片线稿的校对

把"体线稿"图层移动到"前胸暗斑"图层的上方。对爪片端部的线条进行校正，同时对相关的"前翅暗斑""前翅淡斑"和"前翅碎斑"图层进行微调（图 7-25）。

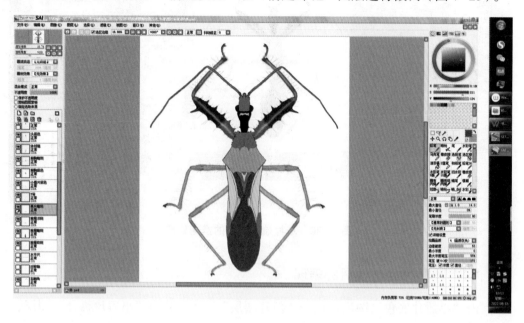

图 7-25　爪片线稿及相关色斑的微调效果

7.10　革片端斑的修饰

点击"革片端斑"图层，在画布右侧点击"模糊"工具，笔尖最大直径选择 40 像素，在革片端斑的上缘刷涂，使其与淡斑的界限模糊（图 7-26）。

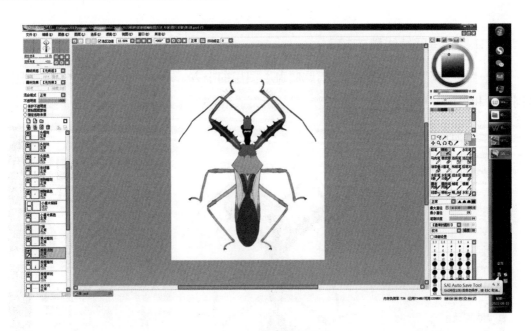

图 7-26　革片端斑边缘的模糊处理

7.11　小盾片端部淡斑的表现

　　点击"小盾片底色"图层，点击"新建图层"，将其名为"小盾片稀释"图层，点选"剪贴图层蒙版"左侧方块中的对号，使新图层成为剪贴蒙版图层。点选画布左侧"混合模式"中的"滤色"，按下"B"键，快速启动"喷枪"工具，前景色选择接近小盾片"Y"型脊的淡黄色，笔刷最大直径设置为 300 像素，在画布右侧的"选择应用到笔刷的材质"中选择"里纸"，在小盾片端部刷涂。接近小盾片顶端时，向右调整"HSV"滑块组的"V"滑块，提高前景色的明度，向左滑动"S"滑块，降低饱和度；在画布右侧的"选择应用到笔刷的材质"中选择"软木"，把小盾片末端的淡黄白色效果表现出来（图 7-27）。

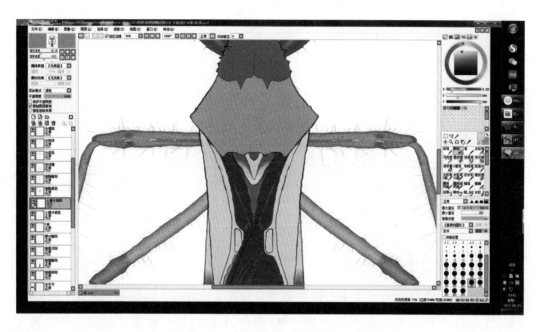

图 7-27 绘制小盾片端部的淡斑

第 8 章 头部的刻画

8.1 头部线稿的细化

打开猎蝽头前叶照片，点击矩形选择工具，在头前叶拉出一个矩形选区（图 8-1），按下"Ctrl+C"键，点击画布下方的"体 .psd"文件按钮，点击"复眼底色"图层，按下"Ctrl+V"键，将新生成的复制图层命名为"头前叶原稿"，点击"新建图层"，将其命名为"头前叶线稿"。

隐藏"头底色"和"头斑块"图层。对"头前叶原稿"图层启动自由变换，以复眼为参照，把"头前叶"图像缩小至大小与"头线稿"图层吻合。隐藏"头线稿"图层，点击"头前叶线稿"图层，把头前叶的线稿进行细化（图 8-2）。删去"头线稿"和"头巨刺"图层。把"头－前胸刺突－刻点"图层中的头部刺突用"套索"工具圈选后，按下"Ctrl+X"键，再双击该图层，将其重新命名为"前胸刺突－刻点"图层。

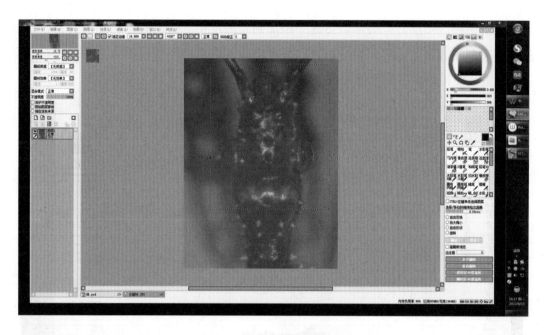

图 8-1　头前叶补充采集图像

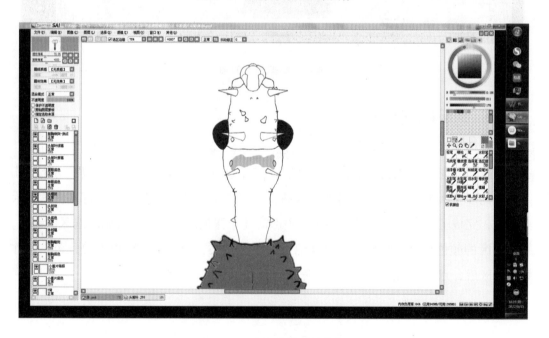

图 8-2　头前叶线稿的细化

8.2　头部刺突的细化

点击"头前叶线稿"图层，点击"新建图层"按钮，将新图层命名为"头刺突"。

显露"头原稿"图层，把头部刺突逐一添加到新图层中。头部刺突色泽为黄白色，注意将刺突制作成封闭图形，便于填色。注意将头部垂直向上伸展的大型刺突进行角度上的调整，使得刺突的长度得以表现（图8-3）。

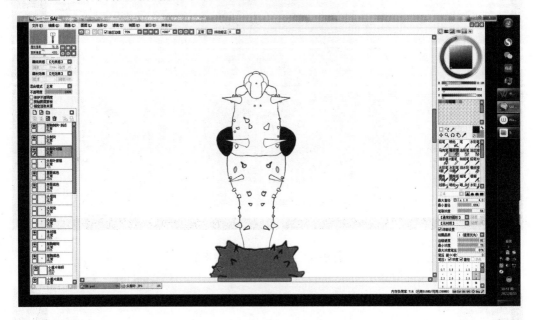

图8-3　头部刺突的细化

8.3　头部刺突的上色

在实体显微镜下视检每个刺突的颜色。显示"足"图层组和"左3足"图层组。点击"新建图层"，将其命名为"头刺突底色"，点击画布右侧的魔棒工具，分别点击头前叶的4个大型刺突，选择褐色作为前景色，点击"油漆桶"工具，再点击这些大型刺突，完成上色。同理，对头部后叶中部的4个深色中型刺突进行刺突选区的制作，并将选区的颜色填色为深褐色。对其他头部小型刺突，则选黄白色作为前景色，制作刺突选区后，点击"油漆桶"工具，完成头部小型刺突的上色（图8-4）。

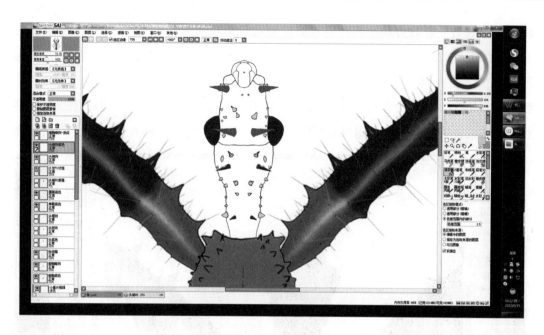

图 8-4　头部刺突的上色

显示"头底色""头斑块"和"头橙斑"3 个图层，检查头部上色效果（图 8-5）。

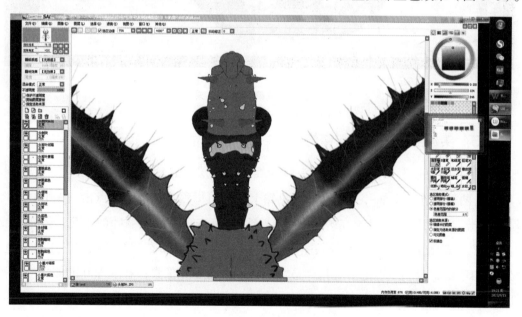

图 8-5　头部刺突的表现效果

8.4　头部衬阴处理

点击"头底色"图层，点击"新建图层"按钮，将其命名为"头衬阴"，点选"剪

173

贴图层蒙版"左侧的方块，出现对号后，表示该图层成为"头底色"图层的剪贴蒙版图层。按下"Alt"键，同时用笔尖点击头底色的暗褐色进行取色，此时"HSV"滑块的"V"值（明度值）为176，用笔尖点击滑块向左滑动，将其改为130，按下"B"键，启动"喷枪"工具，最大直径设置为300像素，笔尖形状为"山峰"形，在头前叶两侧进行喷涂，使得头前叶右侧衬阴幅度和范围略大于左侧（图8-6）。

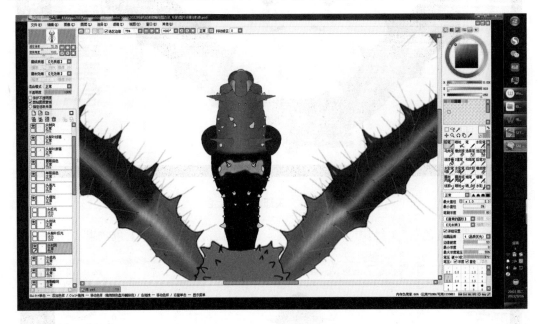

图8-6　头前叶衬阴效果

8.5　头端部色泽调整与修饰

隐藏"头底色"图层，点击"头前叶线稿"图层，启动"魔棒"工具，在头中叶（唇基）两侧制作"上颚叶"选区，在色轮上选择暗褐色为前景色，点击"头底色"图层，点击"油漆桶"工具，在"上颚叶"选区内点击，完成上颚叶的上色。点击"新建图层"，新图层设置为剪贴蒙版图层，在上颚叶内用画布右侧的"吸管"工具取色，按下"B"键，启动"喷枪"工具，最大直径设置为100像素，在上颚叶的侧缘喷出衬阴效果（图8-7）。满意后，点击"向下合拼"按钮，将新建的图层和头底色图层合并。

与上述操作步骤类似，在其后方的"下颚叶"上添加黄褐色，上色图层选择"头橙斑"图层。同样建立临时衬阴图层，取色方法同上，衬阴效果满意后，进行"向下合拼"，合并临时的衬阴图层（图8-7）。同理，在唇节前方的狭窄"上唇"上填充黄褐色，上色图层选择"头斑块"图层，完成上色后，进行衬阴处理（图8-7）。

174

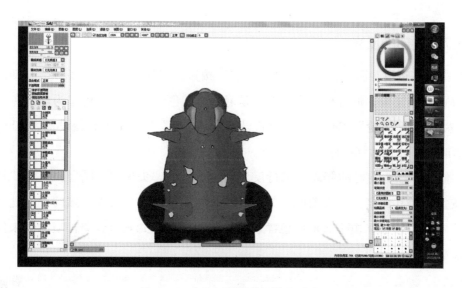

图 8-7　头端部骨片的上色与衬阴

8.6　头部的高光

　　显露"头底色"图层。点击"头橙斑"图层，点击"新建图层"按钮，将其命名为"头高光"，在实体显微镜下仔细检查头部的高光后，按下"N"键，启动"铅笔"工具，笔尖形状选"矩形"，最大直径选 3 像素，前景色选白色，在头部描绘出高光效果（图 8-8）。高光用细白线表现，随着体表结构隆突与凹陷以及体表的质感变化，高光形成的白斑的形状和明暗度会发生细腻的变化，光源方向默认为左前方 45°的点光源。刺突上的高光暂不表现，留待以后处理。

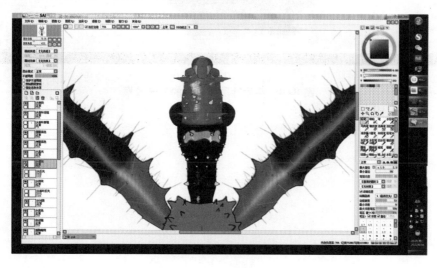

图 8-8　头部高光效果

8.7 头部的反光

点击"头斑块"图层，点击"新建图层"按钮，将其命名为"头反光"，新图层设置为剪贴图层蒙板，混合模式设置为"滤色"，在色轮上选择灰色作为前景色，按下"B"键，启动"喷枪"工具，笔尖形状设置为"山峰"形，最大直径设置为 200 像素，在头后叶黑斑右侧边缘喷涂（图 8-9）。

类似地，在头前叶的侧缘也进行反光处理。点击"头衬阴"图层，点击"新建图层"按钮，将其命名为"头前叶反光"，其他操作与头后叶黑斑右侧的反光处理（图 8-10）相同。注意，由于头前叶色泽较头后叶明亮，反光效果较弱，喷涂效果仅限于边缘狭窄范围。

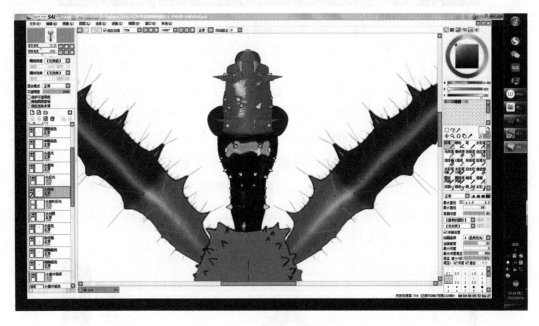

图 8-9　头后叶黑斑右侧的反光效果

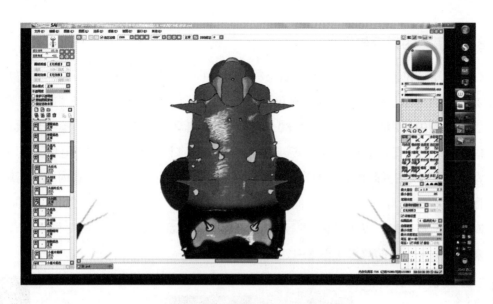

图 8-10　头前叶的反光处理

8.8　头部刺突的高光处理

点击"头刺突底色"图层，点击"新建图层"按钮，将其命名为"头刺突高光"，按下"N"键，快捷启动"铅笔"工具，笔刷形状选择"矩形"，最大直径选择 1 像素，在色轮上选择白色为前景色，结合实体显微镜下的视检情况，逐一为头部刺突添加高光（图 8-11）。

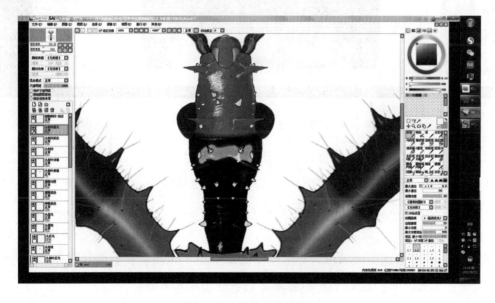

图 8-11　头刺突高光效果

8.9 复眼的衬阴与高光

点击"复眼底色",点击"添加图层"按钮,将其命名为"复眼衬阴",并将该图层设置为"剪切图层蒙版"。点击取色工具,在复眼底色上取色,调节"HSV"滑块组的"V"滑块(明度),明度值由 80 调整到 50,启动"喷枪"工具,笔尖形状选择"山峰"形,最大直径选择 150 像素,笔刷形状选择"网"形,应用到笔刷上的材质设置为"点 9",在复眼周缘外侧部分刷涂,产生细密网格效果。在复眼内缘进行喷涂时,将色泽的明度调整为 130,其他喷枪参数维持不变,这样在产生淡色轮廓的同时,会生成小的网格效果。点击"模糊"工具,在复眼上刷涂,使得小网格变得若隐若现,以此来模拟复眼小眼的效果(图 8-12)。

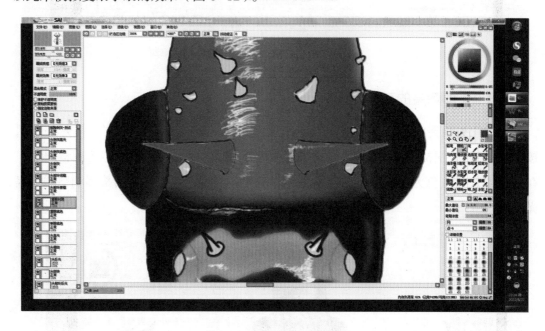

图 8-12 复眼衬阴的效果

点击"新建图层",将其命名为"复眼高光",并将该图层设置为"剪切图层蒙版"。按下"B"键,快捷启动"喷枪"工具,前景色选白色,笔尖形状选"山峰"形,最大直径选 100 像素,在实体显微镜视检后,在复眼上喷涂高光效果。按下"N"键,笔尖形状选"矩形",最大直径选 3 像素,在高光中心绘出高光的中心亮斑,再点击"模糊"工具,喷涂此亮斑周缘,产生模糊效果(图 8-13)。在右侧复眼外缘最外侧,用"喷枪"工具,最大笔尖选择 50 像素,轻轻喷出反光效果。

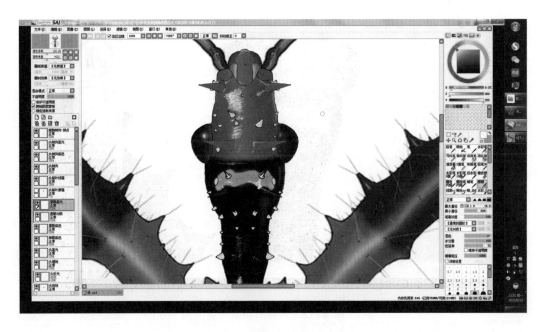

图 8-13 复眼高光的模糊效果

8.10 单眼色泽的表现

点击"单眼底色",点击"新建图层",将其命名为"单眼透明"并设置为"剪贴图层蒙板",混合模式设置为"阴影",按下"Alt"键,用笔尖在单眼底色上选色,并把"HSV"滑块中的"V"滑块向左移动,降低明度,点击"喷枪"工具,笔尖形状选择"山峰"形,最大直径选择 10 像素,在单眼内侧成半弧形轻轻喷涂,喷出单眼底部暗色背景透过单眼的效果。点击"新建图层",将其命名为"单眼高光"并设置为"剪贴图层蒙版",混合模式设置为"发光",在色轮上选白色为背景色,按下"B"键,继续使用"喷枪"工具,在单眼完成透明区的中部轻轻喷涂,喷出单眼的高光中心(图 8-14)。

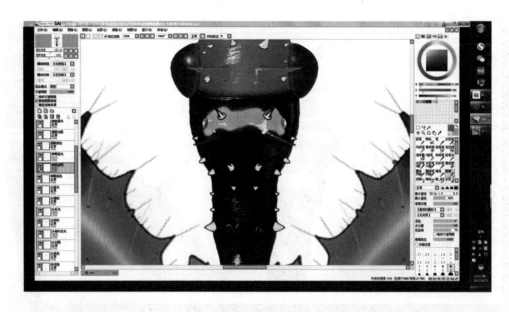

图 8-14　单眼的透明效果

8.11　毛的添加

隐藏"头刺突"图层。点击"头刺突高光"图层，激活后，点击"新建图层"，将其命名为"刚毛"，按下"N"键，快捷启动"铅笔"工具，笔尖形状设置为"山峰"形，最大直径为 5 像素，颜色选取棕褐色为前景色，在头部添加刚毛（图 8-15）。值得注意的是，头部衬阴部位的刚毛的颜色可适当调节为较淡颜色，否则容易被衬阴效果遮蔽。

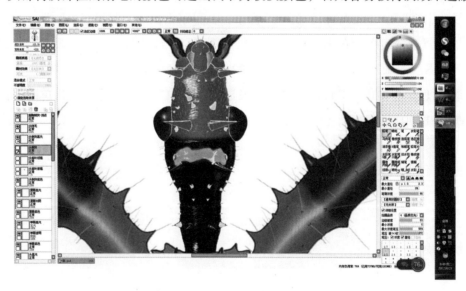

图 8-15　头部刚毛添加效果

8.12　头部细碎斑的表现

点击"头刺突"图层，点击"新建图层"按钮，将其命名为"头碎斑"，启动"喷枪"工具，在色轮上选择黑色为前景色，笔尖形状为"圆帽"形，最大直径设置为150 像素，笔刷形状选择"扩散和噪点"，笔刷材质设置为"地面 3"和"软木"，交替使用。在头前叶中域及巨型刺突上喷涂（图 8-16）。

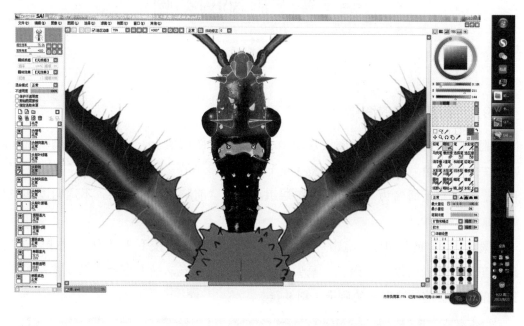

图 8-16　头前叶中域污斑及碎斑的表现

点击"头反光"图层，将前景色改为暗褐色，在头后叶两侧前方单眼与复眼之间的位置喷涂，结合实体显微镜下的视觉检测情况，喷涂碎斑效果。

第9章 胸部的刻画

9.1 胸部线稿的细化

把"前胸刺突 – 刻点"图层移动到"体线稿"图层的上方。隐蔽"前胸暗斑"图层和"前胸底色"图层，隐藏"左3足"图层组和"足"图层组。双击"足"图层组图标，将其重新命名为"右3足"图层组。显示"前胸原稿"图层，不透明度调整为100%。

显示"对称轴"图层。点击"前胸刺突 – 刻点"图层，按下"N"键，快捷启动"铅笔"工具，前景色设置为黑色，笔尖形状选"山峰"形，最大直径选择5像素，补充绘制前胸背板前叶纵脊上的刺突（图9-1）。

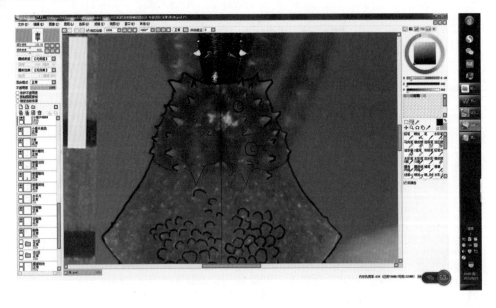

图 9-1　前胸纵脊上刺突的补充绘制

点击"套索"工具，同时按下"Shift"键，选中前胸前叶右纵脊上的两个大型刺突（图9-2）。按下"Ctrl+C"键，按下"Ctrl+V"键，对新形成的复制图层进行自由变换，按下"Ctrl+T"键，点击画布右侧的"水平翻转"按钮（图9-3），按下"Enter"键，确认自由变换结果。左手按下"Ctrl"，右手按下"←"键，连续敲击，把刚才复制的刺突移动至前胸背板前叶对侧纵脊上（图9-4）。按下"Ctrl+D"键，取消选区。显示并激活"水平尺"图层，同时按下"Ctrl"键和"↑"键，把水平尺移动到前胸纵脊巨刺附近（图9-5）。

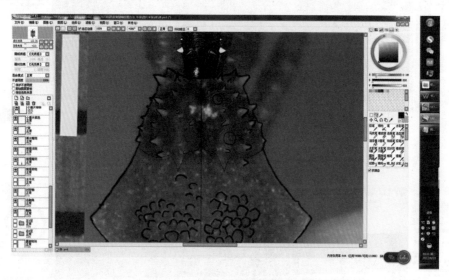

图 9-2 前胸纵脊上巨刺突的复制

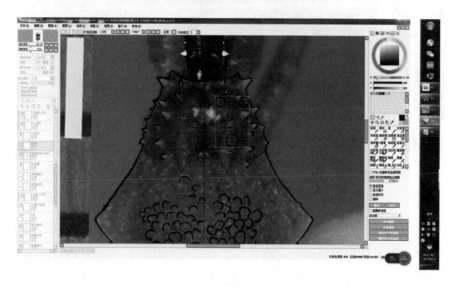

图 9-3 复制图层上的前胸纵脊上巨刺突的水平翻转

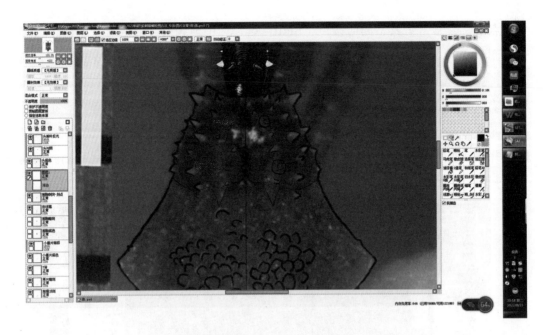

图 9-4 复制图层上前胸纵脊巨刺的位置调整

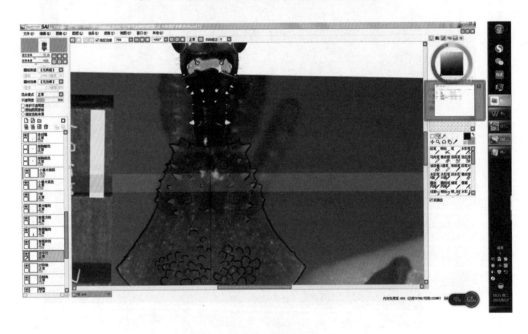

图 9-5 前胸巨刺的位置校正

点击矩形选择工具，在分叉刺突基部拉出一个矩形（图 9-6）。点击"新建图层"，点击"油漆桶"工具，选择绿色为前景色，点击矩形选区，完成上色（图 9-7）。按下"Ctrl+D"键，取消选区，按下"Ctrl"键，同时按下"→"键，连续敲击，将矩形移动到"对称轴"的另外一侧，同时仔细核查两侧巨型刺突和对称轴之间的距离，此时发现，巨刺基部对齐后，对称轴位置向外侧有微小的位置偏移（图 9-8）。点击临时产生的"图层 1"（有复制巨刺的图层），激活后，按下"Ctrl"键，同时点击一次"←"键。点击临时"图层 2"，按下"Ctrl"键，同时连续点击"←"键，使得绿色校准矩形和对称轴的位置与其在右侧时保持对称（图 9-9）。若发现左侧刺突的位移还不够，则点击临时"图层 1"，按下"Ctrl"键，同时点击两次"←"键，满意后，点击矩形选择工具，再次拉一个矩形，将其填充为蓝色，使刺突基部和对称轴的距离等于蓝色选区的长度（图 9-10）。按下"Ctrl+D"键，取消选区，按下"Ctrl"键，同时按下"→"键，再次连续敲击，移动到对称轴对侧，使巨型刺突和对称轴的距离完全相等（图 9-11）。

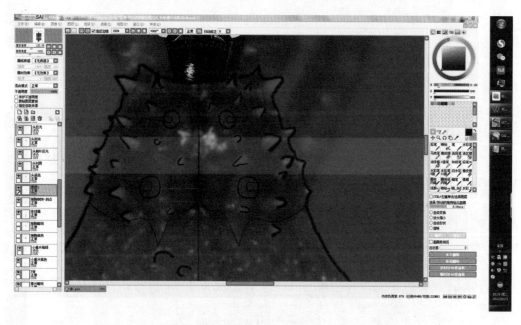

图 9-6　左右前胸纵脊上刺突的位置校准

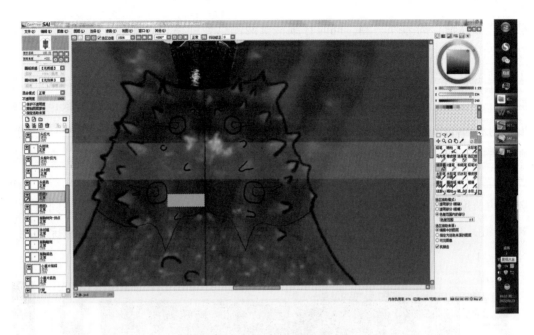

图 9-7　绿色校准矩形的制作

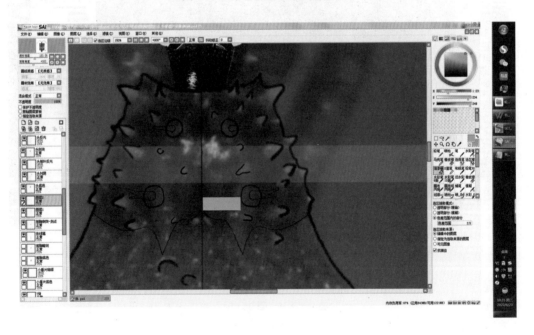

图 9-8　校准矩形在对侧巨刺和对称轴之间进行距离校准

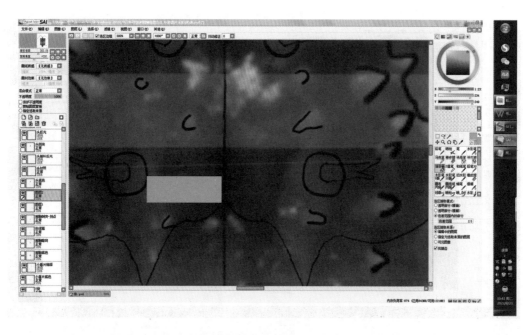

图 9-9　校准矩形在左侧巨刺和对称轴之间进行二次距离校准

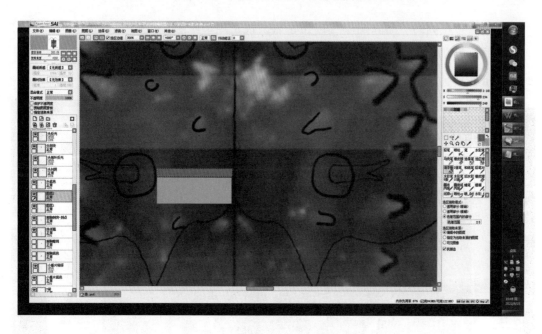

图 9-10　制作蓝色的二次校正矩形

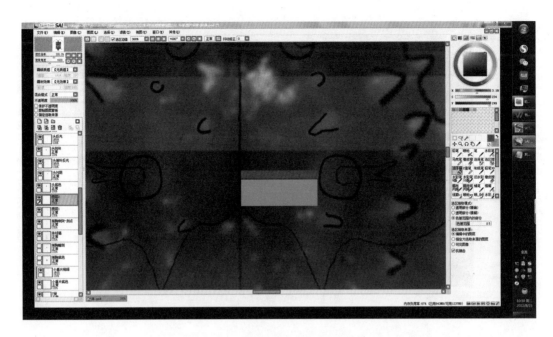

图 9-11　蓝色校准矩形在右侧巨刺和对称轴之间进行第三次距离校准

点击画布左侧的"删除图层"按钮，删去校正矩形图层。点击"向下合拼"按钮，把复制的巨型刺突图层合并到"前胸刺突－刻点"图层上。点击画布上方的"缩小显示"按钮，查看前胸上刺突的对称效果（图 9-12）。

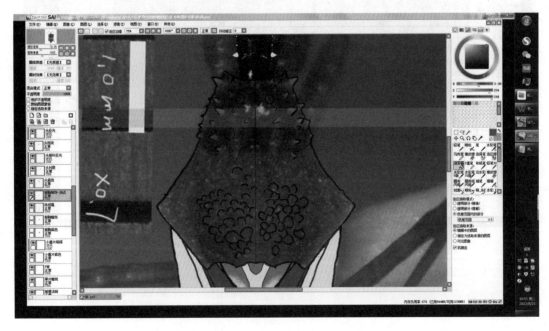

图 9-12　前胸背板左右纵脊上巨刺突的对称效果

　　隐藏"水平尺"图层，启动"铅笔"工具，前景色选黑色，笔尖形状设置为"山峰"形，最大直径设置为 5 像素，继续补充其他小型刺突。隐藏"头底色"图层和"头斑块"图层，在"体线稿"图层上，对前胸背板前缘左侧的线条进行细化（图 9-13）。点击"套索"工具，圈选修改的部分，按下"Ctrl+C"键，再按下"Ctrl+V"键，对新复制的图层（图 9-14）进行水平翻转，移动到右侧，检查对称性后，点击"向下合拼"按钮，将新复制的图层与"体线稿"图层合并，对线条的接口进行修饰和补充（图 9-15）。线条对称和校正的方法参考前文。

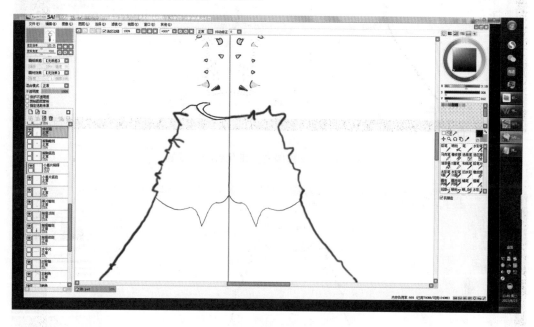

图 9-13　前胸前缘左侧线稿的细化效果

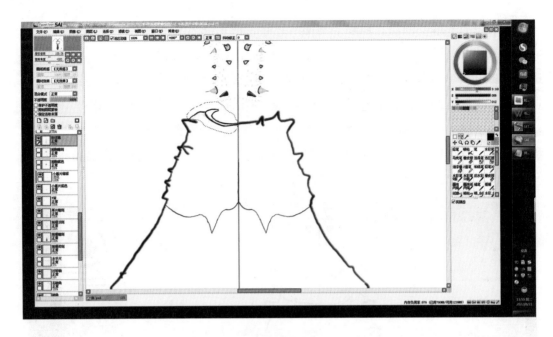

图 9-14　前胸前缘左侧细化线稿的复制

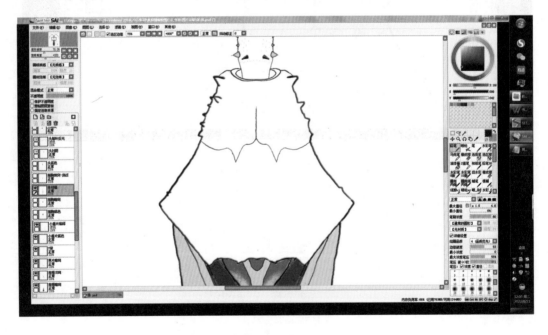

图 9-15　前胸前缘线稿的细化效果

9.2　前胸底色的衬阴

隐藏"前胸刺突－底色"图层，按下"Alt"键，点击前胸底色取色，调节"HSV"

190

滑块组的"V"滑块，由 214 调节至 130 左右，按下"B"键，启动"喷枪"工具，最大直径选择 400 像素，笔尖形状选择"山峰"形。点击"前胸底色"图层，点击"新建图层"按钮，将其命名为"前胸衬阴"，设置为剪贴图层蒙版，在实体显微镜视检的同时在前胸背板后叶左右两个隆起的右侧和后侧喷涂出衬阴效果（图 9-16）。

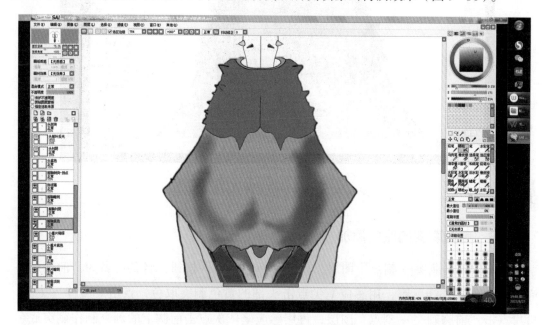

图 9-16　前胸背板后叶的衬阴效果

点击"前胸暗斑"图层，按下"Alt"键，点击前胸前叶暗斑取色，调节"HSV"滑块组的"V"滑块，由 176 调节至 80 左右，按下"B"键，启动"喷枪"工具，最大直径选择 400 像素，笔尖形状选择"山峰"形。点击"新建图层"按钮，将其命名为"前胸前叶衬阴"，设置为剪贴图层蒙版，在实体显微镜视检的同时，在前胸背板前叶左右两个隆起的右侧和后侧喷涂出衬阴效果（图 9-17）。

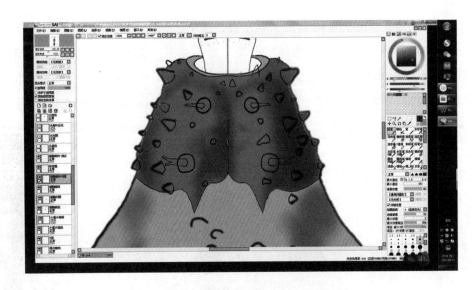

图 9-17　前胸背板前叶的衬阴效果

9.3　前胸刺突的底色添加

点击"前胸刺突－刻点"图层，点击"新建图层"按钮，将其命名为"前胸刺突底色"，按下"Alt"键，用感应笔尖点击头部的黄色刺突取色，点击"魔棒"工具，再次点击"前胸刺突－刻点"图层，再用感应笔依次点击前胸上的刺突制作刺突底色选区；全部完成后，点击"前胸刺突底色"图层，点击"油漆桶"工具，依次点击各个刺突的选区，完成上色（图 9-18）。

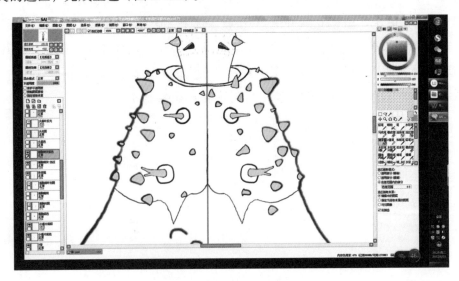

图 9-18　前胸刺突的底色填充

　　显露"头斑块"图层和"头底色"图层及其剪贴图层蒙版，显露"前胸底色"图层和"前胸暗斑"图层及其剪贴图层蒙版（图 9-19）。

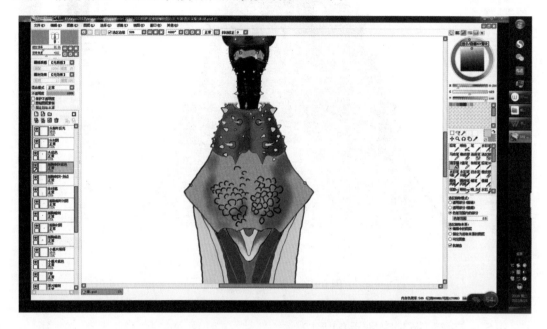

图 9-19　前胸背板底色与衬阴效果

9.4　前胸背板前叶碎斑的表现

　　点击"前胸前叶衬阴"图层，点击"新建图层"按钮，将其命名为"前胸碎斑"。启动"喷枪"工具，选择笔尖形状为"山峰"形，最大直径 300 像素，笔刷形状设置为"单纯的噪点 2"，笔刷材质设置为"地面 3"。结合实体显微镜下的视检，在前胸前叶前部和中部添加碎斑。点击"前胸刺突底色"图层，点击"新建图层"按钮，将其命名为"巨刺碎斑"，在前胸前叶纵脊前方的巨刺上继续喷涂碎斑（图 9-20）。

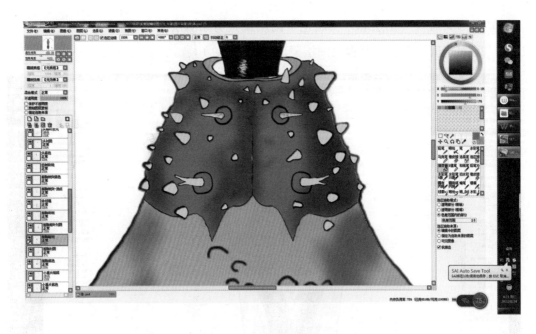

图 9-20　前胸碎斑的表现

9.5　前胸背板刺突刚毛的添加

点击"头刚毛"图层，在前胸背板各个刺突上添加刚毛。选色方法及铅笔工具的设置参考头部刚毛绘制部分（图 9-21）。双击"头刚毛"图标，将其重新命名为"刚毛"。

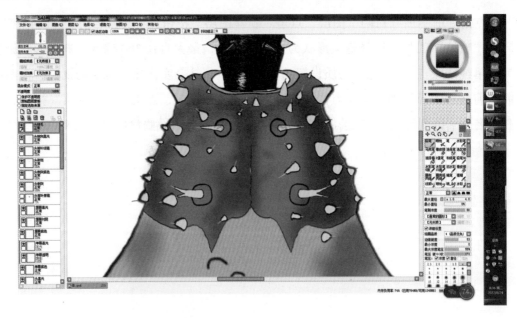

图 9-21　前胸刚毛的绘制

9.6　前胸背板前叶高光的表现

点击"前胸前叶衬阴"图层，点击"新建图层"按钮，将其命名为"前胸前叶高光"。在实体显微镜下，视检猎蝽前胸的高光分布，绘制效果图（图 9-22）。按下"Ctrl+S"键保存图像。

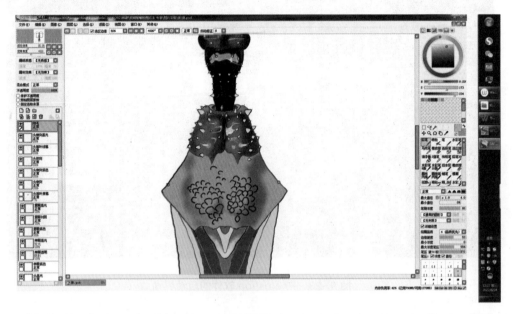

图 9-22　前胸背板前叶的高光效果

9.7　前胸后叶刻点的观察

利用三目实体显微镜工业数码相机（三锵泰达）采集猎蝽前胸的图片，调节变焦螺旋把前胸左侧缩小，放在有效的取景范围内，先拍摄前胸背板侧缘及后缘最低的位置，然后微微调节物镜镜头，这时由于景深较为狭窄，只能看清楚前胸背板侧缘及后缘，拍摄一张照片。然后微微向上调节物镜镜头，这时仅可以看见前胸后叶隆起的外围边缘部分，拍摄一张清晰的照片。继续向上调节物镜镜头，再依次拍摄后叶隆起中部、后叶隆起上部、后叶隆起顶部的清晰照片，照片的名称由摄像系统自动命名即可。

启动 Photoshop 软件，软件启动的界面如图 9-23 所示。点击"文件"下拉菜单，点选"脚本"，在右侧弹框中选择"将文件载入堆栈"（图 9-24），点击该按钮后，自动弹出"载入图层"对话框（图 9-25），点击"浏览"，弹出"打开"对话框，找到上面拍摄的一系列前胸背板左侧照片，点击第 1 张，按"Shift"键的同时，点击第 5

张，全部选中此系列照片后（图9-26），点击"打开"按钮，"载入图层"对话框出现该系列照片（图9-27）。

图 9-23　Photoshop 软件的启动界面

图 9-24　载入堆栈操作

图 9-25　载入图层对话框

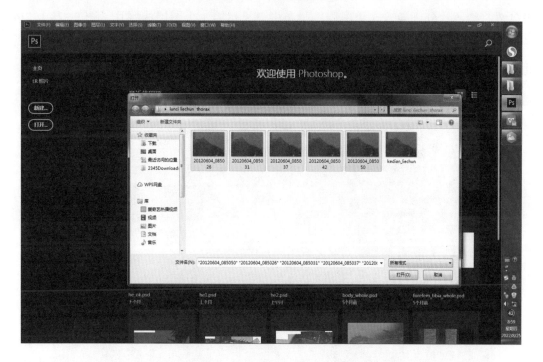

图 9-26　选中 5 个有序的系列采集的前胸背板图像

图 9-27　载入图层对话框中显示 5 个有序前胸背板图片

　　点击"确定"，这时自动形成一个"未标题"图片文件，右侧图层显示区显示的 5 张猎蝽前胸照片分别导入 5 个图层，画布中央显示第 1 个图层的照片（图 9-28）。按下 Shift 键，点击右侧图层显示区的最下方的图层，5 个图层会同时被选中（图 9-29），此时它们的背景都为灰白色。

图 9-28　堆栈处理后在"未标题"文件中自动导入 5 个图层

图 9-29　选中所有 5 个图层

点击"编辑"下拉菜单，点选"自动对齐图层"（图 9-30），弹出"自动对齐图层"对话框（图 9-31），点击"确定"。软件自动运行对齐程序后，不同图层的位置发生微小调整（图 9-32），注意第 1 图层左上角和右下角的微小变化。

再次点击"编辑"下拉菜单，点选"自动混合图层"（图 9-33），在弹出的"自动混合图层"对话框中，选点"堆叠图像"（Photoshop 软件会自动选点此选项），点击"确定"（图 9-34）。

图 9-30 启动"自动对齐图层"操作

图 9-31 自动对齐图层对话框

图 9-32　自动调整后 5 个图层的相对位置发生位移

图 9-33　启动"自动混合图层"功能

图 9-34　在"自动混合图层"对话框中选择"堆叠图像"选项

　　软件自动处理完成后，右侧会自动形成一个"合并"的图层（图 9-35），其下方有 5 个残余图层。全部选中这 5 个残余图层（图 9-36），点击右下方的"删除图层"按钮，自动弹出一个确认删除选中图层的对话框（图 9-37），点击"是"按钮，删除残余图层删除残余图层完成后，"未标题"文件只保留"合并"的图层（图 9-38）。

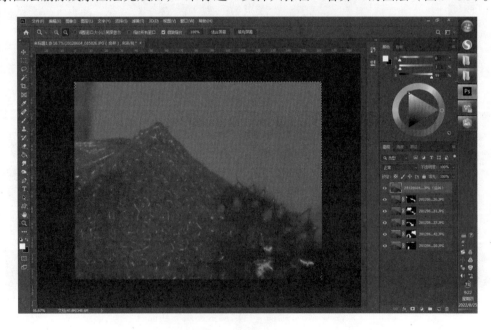

图 9-35　自动混合图层处理后产生一个合并图层

图 9-36　选中 5 个"自动混合图层"处理后的残余图层

图 9-37　确认删除图层对话框

图 9-38　删除残余图层后剩余 1 个合并图层

点击"文件"下拉菜单，点选"存储为"（图 9-39）。自动弹出"存储为"对话框，文件名改为"猎蝽前胸左后叶"，保存类型选择"PNG"格式（图 9-40），点击"保存"（图 9-41），点击后自动弹出"PNG 格式选项"对话框，点击"确定"（图 9-42）。

图 9-39　合并图片的保存

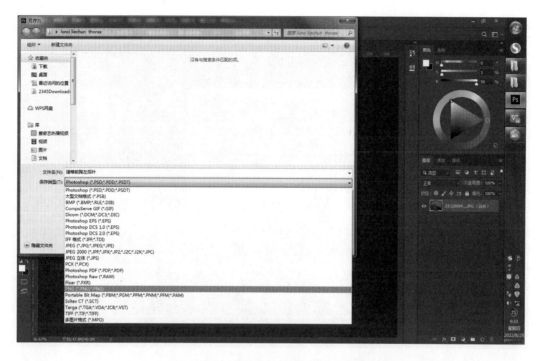

图 9-40　合并图层的命名和格式选择

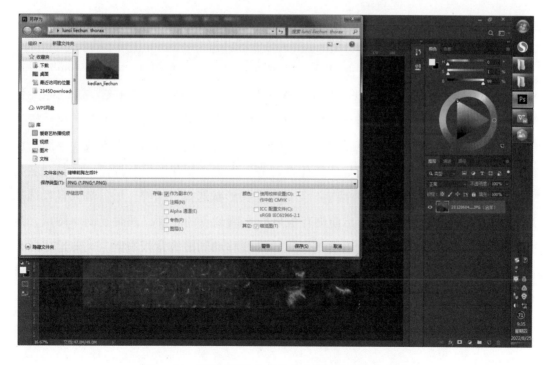

图 9-41　确定 PNG 格式作为合并图像的保存格式

图 9-42　选择"大型文件"选项保存 PNG 格式合并图像

9.8　前胸轮廓线的修整及后叶刻点线稿的细化

关闭 Photoshop 软件。重新打开 SAI 软件，打开"猎蝽前胸左后叶 .png"图形文件（图 9-43），按下"Ctrl+A"键，全部选中图像，按下"Ctrl+C"键，将图像复制到剪切板，点击画布下方的"体 .psd"文件按钮，点击"前胸碎斑"图层，按下"Ctrl+V"键，自动产生一个复制图层，按下"Ctrl+T"键，启动自由变换，参照前面的方法，旋转并调整大小，与体线稿轮廓对齐。点击"新建图层"按钮，将其命名为"前背轮廓细化线稿"，启动"铅笔"工具，笔尖形状选择"山峰"形，最大直径选择 4 像素，前景色选择黑色。绘出前胸背板后叶左侧刻点的轮廓，同时复制本图层，进行水平翻转，把前胸背板后叶右侧的刻点轮廓线移动到前胸背板右侧。类似地，导入前胸背板后缘、前胸背板右侧角的细节放大图片，利用自由变换调整图片大小和旋转角度，对前胸轮廓线的细节进行补充刻画（图 9-44）。

206

图 9-43　在 SAI 软件中打开合并的猎蝽前胸左侧图像

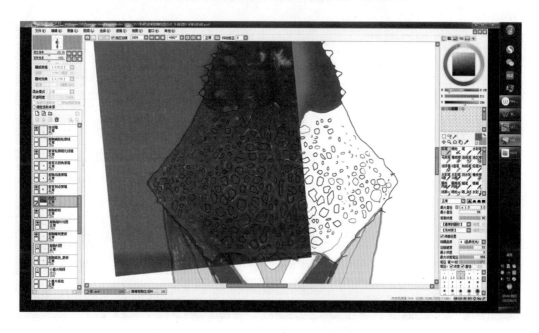

图 9-44　前胸背板后叶刻点的绘制

　　对前胸背板的轮廓线进行细化，对"体线稿"中前胸背板后叶刻点部分进行修改，效果如图 9-45 所示。相应地，对修整后的刺突的底色进行细化修整（图 9-46）。对"体线稿"中前胸背板后缘的细节进行修改，并对"前胸底色"图层进行重新填充（图 9-47）。

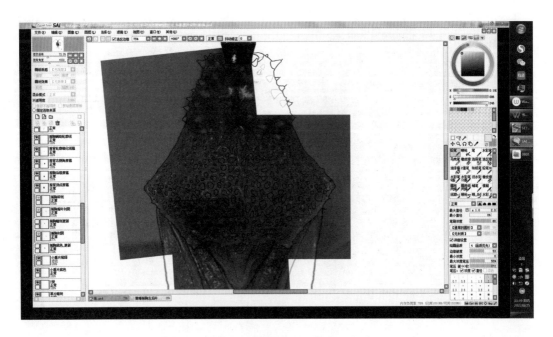

图 9-45　前胸背板后叶刻点线稿细化的效果

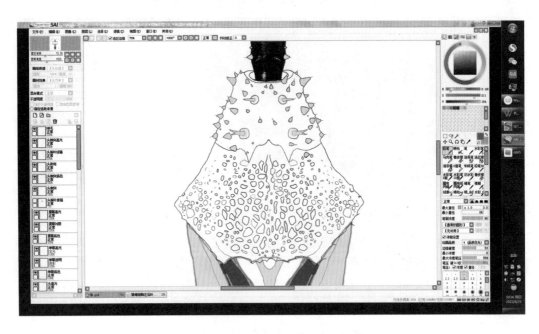

图 9-46　前胸背板前叶刺突的细化与调整

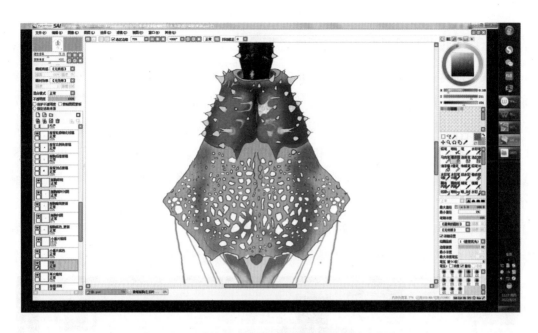

图 9-47 猎蝽前胸背板后叶底色的重新填充效果

9.9 前胸背板后叶刻点的高光表现

点击"前胸前叶高光"图层，双击该图层图标，将其重新命名为"前胸高光"，显露前胸背板辅助原稿，启动"铅笔"工具，前景色选择白色，笔尖形状选择"山峰"形，最大直径选择 2 像素，绘制前胸背板后叶刻点高光效果（图 9-48）。

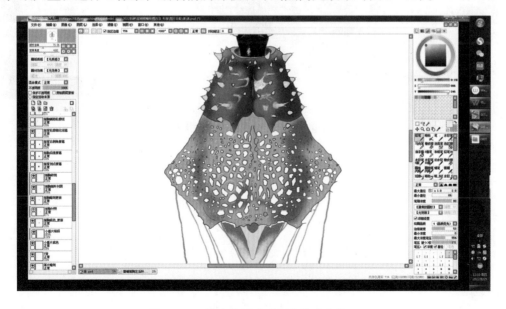

图 9-48 前胸背板后叶刻点的高光处理

9.10 前胸背板后叶刻点内的底色填充

双击"前胸刺突－刻点"图层，将其重新命名为"前胸刺突"。点击"前背轮廓细化线稿"，点击"新建图层"按钮，新图层命名为"前胸刻点底色"（图 9-49），按下"Alt"键，用感应笔尖在前胸背板后叶黄色底色上取色，"HSV"滑块组的"S"滑块和"V"滑块的读数分别是 171 和 214。按下"Alt"键，点击前胸背板后叶衬阴区域，"S"滑块和"V"滑块的读数分别是 169 和 149。用感应笔把"V"滑块向左调到 80 左右。点击"魔棒"工具，在前胸背板后叶右侧隆起的右后侧，分别点击各个刻点内部，制作刻点底色选区（图 9-50）。点击"油漆桶"工具，分别对其进行填色（图 9-51）。按下"Ctrl+D"键，取消选区。

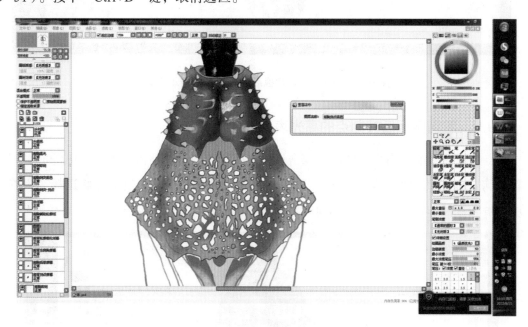

图 9-49 建立前胸刻点底色图层

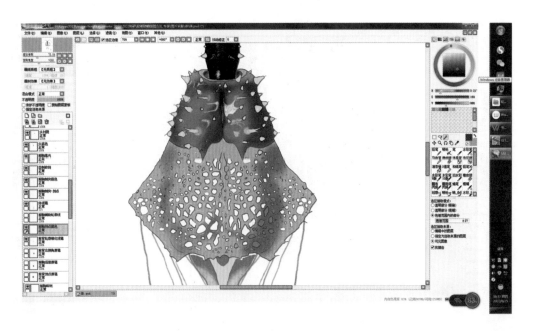

图 9-50 暗区刻点底色选区的制作

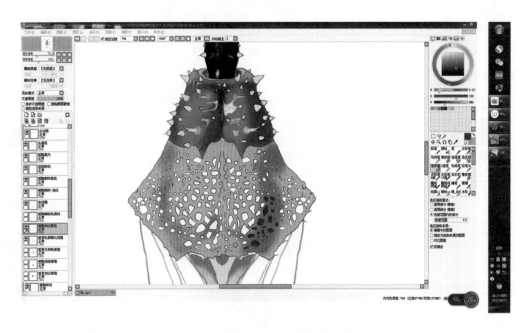

图 9-51 前胸背板后叶暗区刻点的底色填充

用感应笔把"V"滑块向左调到 120 左右。点击"魔棒"工具，在前胸背板后叶右侧隆起的前右侧和近中域偏右位置以及后叶左侧隆起的右后侧及左侧，制作弱暗选区。点击"油漆桶"工具，分别进行填色（图 9-52）。按下"Ctrl+D"键，取消选区。

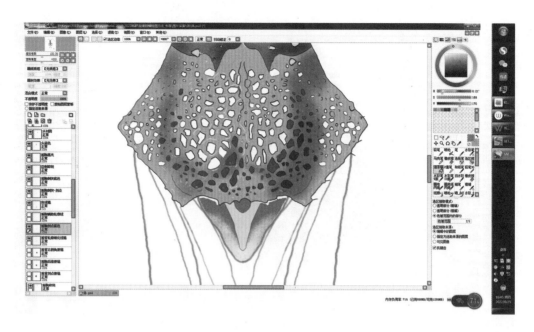

图 9-52　前胸背板后叶弱暗区域填色

　　用感应笔把"V"滑块向左调到 170 左右，其他参数不变，对亮区刻点底色进行色泽填充（图 9-53，图 9-54）。把"前背轮廓细化线稿"图层移动到"前胸刻点底色"图层的上方（图 9-55）。

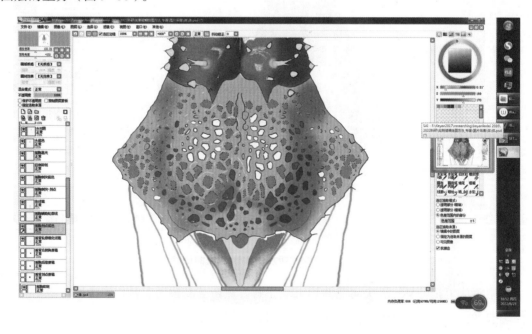

图 9-53　前胸背板后叶亮区域填色完成后选区未取消的状态

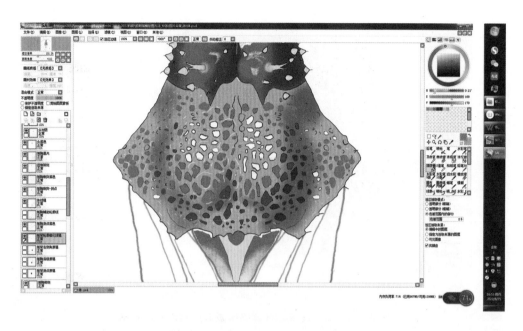

图 9-54　前胸背板后叶亮区域填色完成后选区取消后的状态

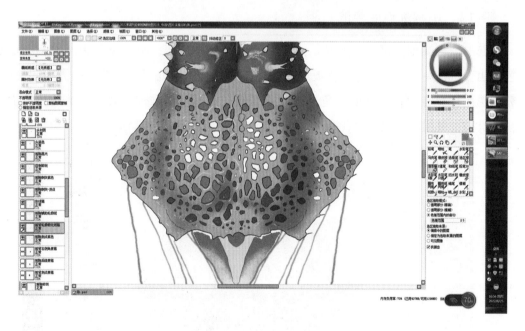

图 9-55　线稿在底色图层上方时前胸背板后叶刻点边缘显示效果

用感应笔把 "V" 滑块向左调到 190 左右，其他参数和操作不变。对前胸背板后叶的高亮区的刻点底色进行填充（图 9-56）。

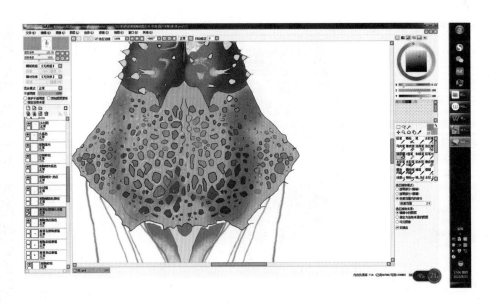

图 9-56   前胸背板后叶高亮区域刻点底色填色效果

9.11 前胸刻点底色的衬阴

点击"前胸刻点底色"图层，点击"新建图层"按钮，将其命名为"前胸刻点底色衬阴"（图 9-57），对前胸背板后叶刻点内部进行衬阴处理，靠近左上方为阴影区，分别选用比刻点底色略深的颜色，选用"喷枪"工具，根据刻点大小灵活调整笔尖的最大直径，笔尖形状仍选"山峰"形，刻点衬阴效果如图 9-58 所示。

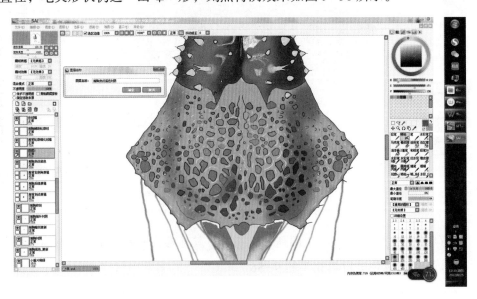

图 9-57   前胸刻点底色衬阴图层的建立

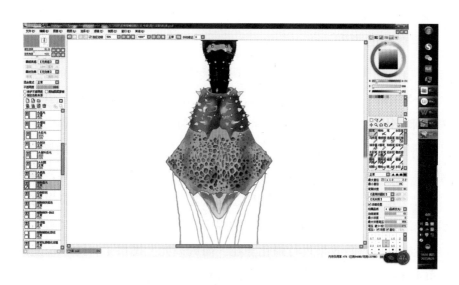

图 9-58　前胸背板刻点内的衬阴处理

9.12　前胸背板后叶刻点内的高光处理

点击"前胸刻点底色衬阴"图层，点击"新建图层"按钮，将其命名为"前胸刻点高光"，设置为"剪贴图层蒙版"，按下"N"键，启动"铅笔"工具，选灰白色为底色，笔尖形状为"山峰"形，最大直径为 2 像素，在实体显微镜下检查刻点底部，用点线逐一绘出刻点内部的高光效果（图 9-59）。点击"新建图层组"按钮，把"前胸刻点高光""前胸刻点底色衬阴"和"前胸刻点底色"移到其中，双击该图层组在图层管理区的图标，将其命名为"前胸刻点"。

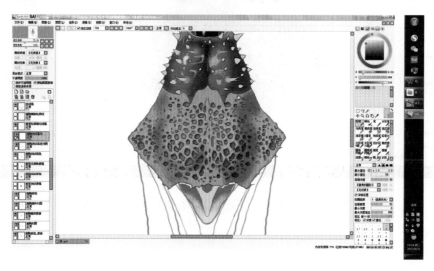

图 9-59　前胸背板后叶刻点内部高光效果的表现

9.13 脊突的表现

点击"前胸轮廓细化线稿"图层，用"套索"工具把前胸后叶的刻点全部选中，按下"Ctrl+X"键，按下"Ctrl+V"键，把新复制图层命名为"前胸后叶刻点线稿"。双击"前胸刺突–刻点"图层，将其重新命名为"前胸刺突线稿"。隐藏以下图层："前胸底色""前胸暗斑""前胸刻点底色""前胸刺突底色""巨刺碎斑""前胸高光"和"刚毛"。点击"前胸刺突线稿"图层，按下"N"键，启动"铅笔"工具，颜色在色轮上选择棕褐色，笔尖形状选择"山峰"形，最大直径选择4像素，对前胸前叶的巨型刺突线稿进行细化，对"前胸刻点底色"做相应修改。在"前胸暗斑衬阴"图层上对前胸前叶左右纵脊的衬阴效果进行强化。在"前胸高光"图层上，对纵脊上的高光进行强化。同时对前胸前叶刺突的轮廓效果进行加强，具体操作如下：点击"前胸刺突线稿"图层，进行复制图层操作，按下"Ctrl+U"键，把明度调到最高，使得前胸刺突的轮廓线成为白色，向上微微移动图层，暗区刺突的边界效果也需要突出（图9-60）。对前胸后叶的中脊进行细化和色彩渲染，效果如图9-61所示。

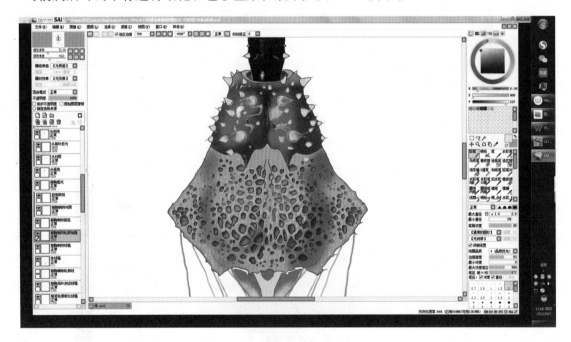

图9-60　猎蝽前胸前叶脊突和刺突的色彩效果的细化

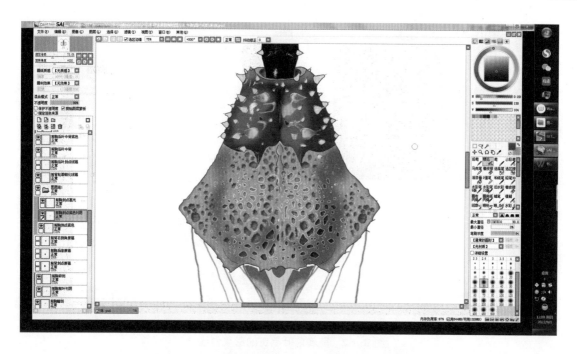

图 9-61　猎蝽前胸后叶中脊的细化的色彩效果

9.14　前胸背板前叶毛斑的添加

隐藏"前胸底色"和"前胸暗斑"两个图层，其上的"剪贴图层蒙板"图层也同时自动被隐藏。隐藏"前胸高光"图层。显示"前背刻点原稿"图层，点击"前胸后叶中脊"图层，点击"新建图层"按钮，将新图层命名为"前胸毛斑"，按下"N"键，启动"铅笔"工具，颜色选黑色为前景色，笔尖形状选择"山峰"形，最大直径选择3 像素，绘出前胸前叶左侧的毛斑的斑块形状。对图层进行复制、水平翻转操作，然后移动翻转的图层，将其移动至右侧对称位置上，点击"向下合拼"按钮（图 9-62）。点击"新建图层"，将其命名为"前胸毛斑毛"，在实体显微镜下检查毛斑上的毛的长度、粗细和方向的变化，选择淡黄色为前景色，其他参数不变，仍用"铅笔"工具逐一绘出左侧的毛斑黄毛。对图层进行复制、水平翻转操作，把右侧毛斑的毛向右移动到对称位置上，然后点击"向下合拼"按钮。显露"前胸底色"和"前胸暗斑"两个图层及其"剪切图层蒙版"图层（图 9-63）。

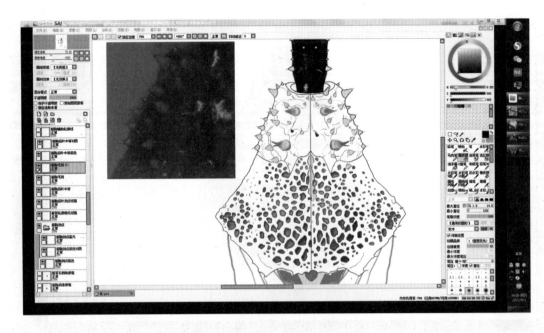

图 9-62　前胸前叶毛斑的形状勾线

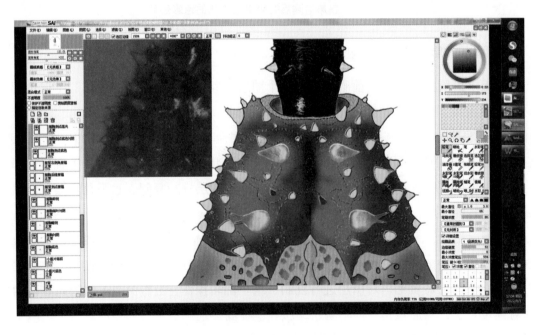

图 9-63　前胸毛斑区毛的表现效果

9.15　前胸侧缘和后缘刚毛的添加

点击"刚毛"图层，按下"N"键，启动"铅笔"工具，选择暗褐色为前景色，笔尖形状选择"山峰"形，最大直径为 4 像素，在前胸背板侧缘及后缘补充绘制刚毛，刚毛的长度和方向参考右侧线稿的预留刚毛，同时不断核对实体显微镜下刚毛的长短和方向，绘制完成后，擦去"前胸轮廓细化线稿"上的刚毛。显示翅上色斑及各足，查看整体效果（图 9-64，图 9-65）。

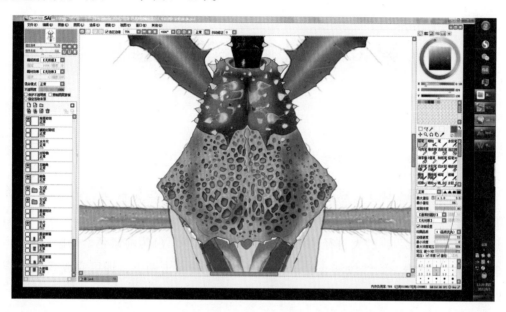

图 9-64　猎蝽前胸背板侧缘及后缘刚毛的绘制效果

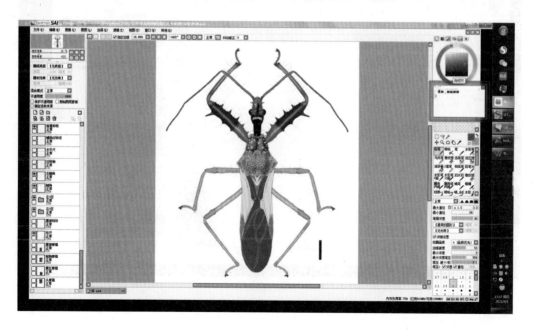

图 9-65　猎蝽前胸背板绘制效果

第10章　小盾片和翅的绘制

10.1　利用钢笔图层曲线工具对体线稿的细化和更新

点击"体线稿"图层，点击"创建钢笔图层"，将新图层命名为"体线稿－更新"
（图10-1），对前胸背板后方的体线稿进行细化。在右侧操作面板上点选"曲线"，笔
尖形状选择"矩形"，最大直径选择4像素，颜色选择黑色为前景色。用感应笔尖沿
着轮廓线依次点击，到线段终止时，连续在一个位置点击两下，即可完成线段描绘。
猎蝽左右前翅轮廓的绘制效果如图10-2，图10-3，图10-4所示。

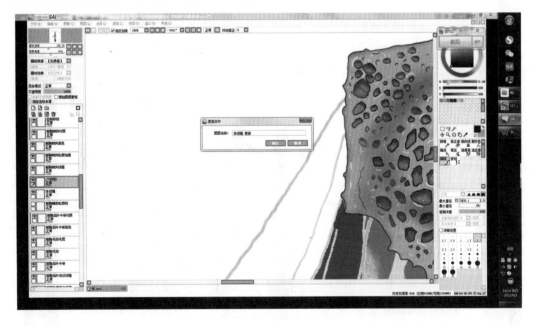

图10-1　新建名称为"体线稿－更新"的钢笔图层

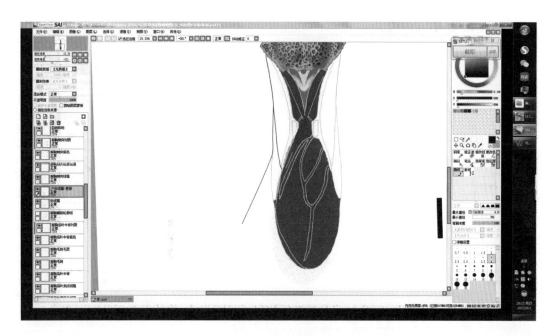

图 10-2 利用钢笔工具绘制猎蝽外轮廓线

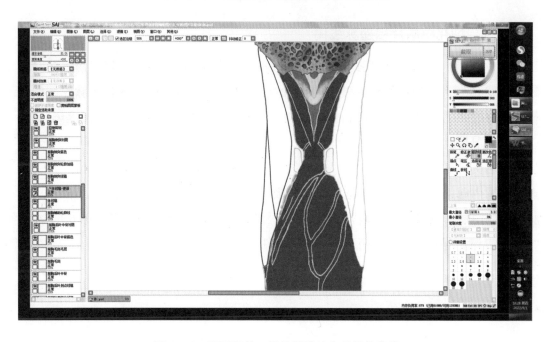

图 10-3 利用钢笔工具绘制猎蝽左前翅轮廓线

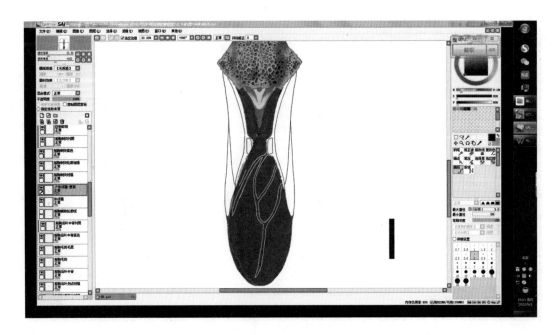

图 10-4　利用钢笔工具绘制猎蝽右前翅轮廓线

10.2　细化小盾片和翅脉线稿

与"体线稿 – 更新"图层绘制步骤类似，建立"翅脉线稿更新"钢笔图层。在"体线稿 – 更新"和"翅脉线稿 – 更新"两个钢笔图层上对小盾片轮廓和翅脉轮廓线进行细化修改（图 10-5）。利用铅笔工具对"前翅暗斑""前翅淡斑""前翅碎斑""小盾片底色"等上色图层进行细化和修改。隐藏"前翅暗斑"图层，点击"新建图层"，将其命名为"翅脉底色"，点击"翅脉线稿 – 更新"钢笔图层，点击"魔棒"工具，点击翅脉内部，制作翅脉底色选区，用"吸管"工具在色轮上对白色取色，点击"翅脉底色"图层，点击"油漆桶"工具，在翅脉内部点击，填充白色（图 10-6）。点击"Ctrl+S"键，保存文件，关闭"体 .psd"文件。

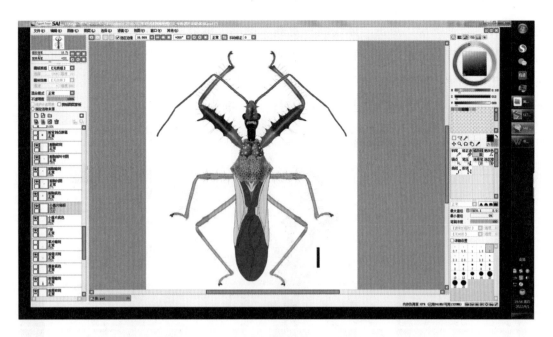

图 10-5 猎蝽小盾片和翅脉线稿的细化

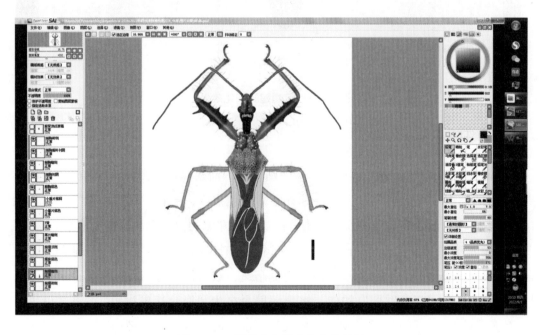

图 10-6 翅脉底色填充白色的效果

10.3 前翅的脉纹的细化

重新打开"体 .psd"文件,"体线稿－更新"和"翅脉线稿－更新"这两个钢笔图层自动转成普通图层。点击"体线稿 – 更新"图层，结合实体显微镜下镜检标本，对前翅的脉纹进行细化，把革片的 M 脉及 R 脉改为双线翅脉，并对革区、爪区、革区内侧翅室进行细化，使得各部分比例更为协调。点击"翅脉线稿 – 更新"图层，同样结合实物标本，对膜区上的翅脉进行仔细比对，进行细致修改（图 10-7）。

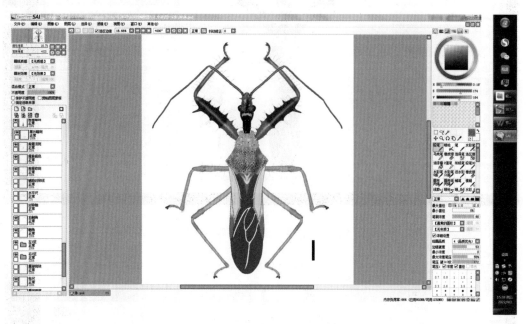

图 10-7　前翅翅脉细化效果

10.4　前翅衬阴处理

隐藏"前翅暗斑"图层、"前翅淡斑"图层和"前翅碎斑"图层，点击"体线稿 – 更新"图层，点击"魔棒"工具，在前翅革片内侧点击，制作"肘脉内侧"选区（图 10-8）。点击"前翅暗斑"图层，点击该图层图标左侧的白色方块图标，显示"眼睛"图标，显露该图层，按下"Ctrl+X"键，进行剪切操作，按下"Ctrl+V"键，此时会自动形成一个新图层，包含剪切的肘脉内侧暗斑，双击此图层图标，将其命名为"肘脉后斑"。点击"新建图层"按钮，将新图层命名为"肘脉后斑衬阴"，将其设置为"剪贴图层蒙版"。点击画布右侧的"吸管"工具，在肘脉后斑上进行取色，然后用感应笔点击"HSV"滑块组的"V"滑块，把数值从 124 调整为 80，点击"喷枪"工具，笔尖形状设置为"山峰"形，最大直径设置为 300 像素，对左前翅的肘脉暗斑的外域进行衬阴处理（图 10-9）。

224

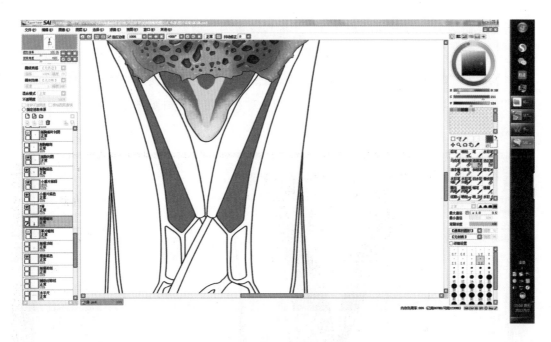

图 10-8　前翅肘脉内侧选区的制作

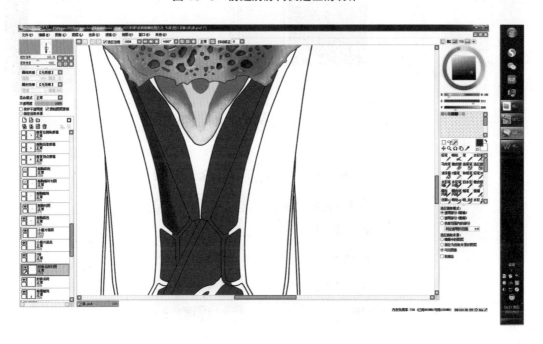

图 10-9　左前翅肘脉后斑的衬阴效果

　　与上述步骤类似，制作右侧的"肘脉后斑"选区，剪切该暗斑制作"右肘脉后斑"图层（图 10-10），把该图层移动到"肘脉后斑衬阴"图层的上方。点击"新建图层"，将新图层命名为"右肘脉后斑亮区",将其设置为"剪贴图层蒙版",同时把"混合模式"设置为"滤色",按下"B"键,启动"喷枪"工具,笔尖大小设置为 40 像素,笔刷形状为"旧画布 2",笔刷材质选择"里纸",其他参数设置如图 10-11 所示,调节"HSV"滑块组的"V"滑块的值为 220,对右肘脉后斑外域的处理效果如图 10-12 所示。

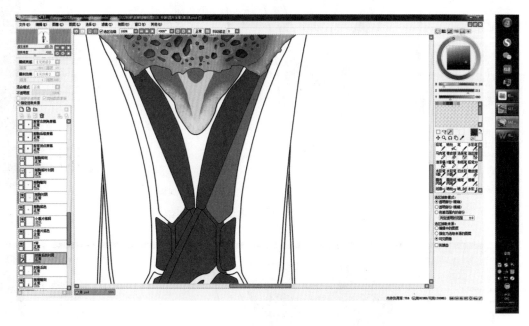

图 10-10　右前翅肘脉后斑的选区制作

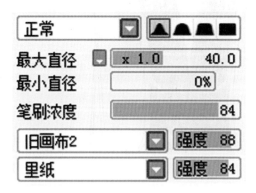

图 10-11　右翅革片肘脉后斑亮区喷枪及笔刷参数设置

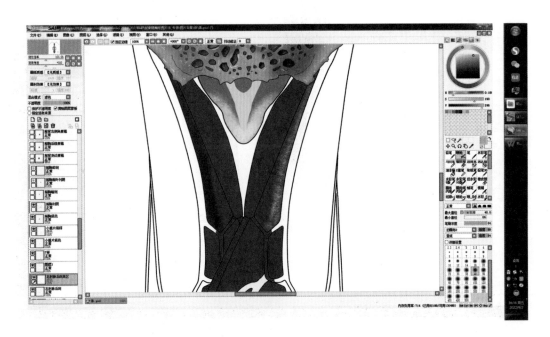

图 10-12　右翅革片肘脉后斑亮区处理效果

10.5　革片翅脉底色与衬阴

点击"前翅淡斑"图层，隐藏该图层，点击"魔棒"工具，点击前翅革片翅脉内部，制作前翅革片翅脉选区，显露"前翅淡斑"图层并隐藏"革片暗斑"图层。激活"前翅淡斑"图层，按下"Ctrl+X"键，按下"Ctrl+V"键，把剪切复制得到的图层命名为"前翅翅脉底色"（图 10-13）。点击"新建图层"，新建图层命名为"革片翅脉衬阴"，并设置为"剪切图层蒙版"。按下"Alt"键，用感应笔尖点击翅脉内部进行取色，检查其明度为 244，将"HSV"滑块组的"V"滑块的值调整为 120，按下"B"键，启动"喷枪"工具，笔尖形状设置为"山峰"形，最大直径随翅脉粗细灵活调整，在革片翅脉背光区域进行衬阴处理，效果如图 10-14 所示。

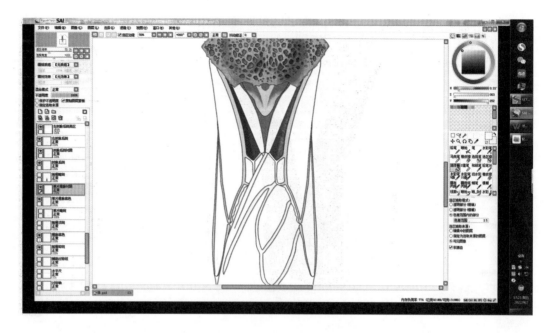

图 10-13　革片翅脉底色填充效果

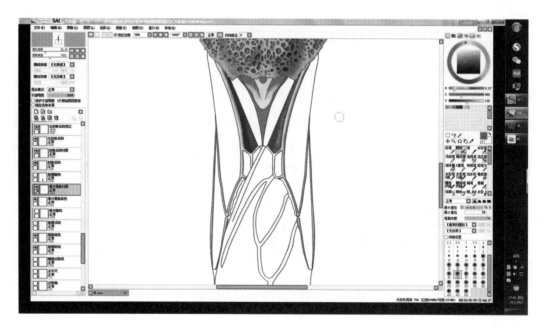

图 10-14　革片翅脉衬阴效果

10.6　革片翅脉高光

点击"新建图层"按钮，将其命名为"革片翅脉高光"，并设置为"剪切图层蒙

228

版"。按下"N"键，快捷启动"铅笔"工具，笔尖设置为"矩形"，最大直径设置为2 像素，颜色选白色作为前景色。在革片翅脉上绘制高光效果，显露翅上其他部位斑块，效果如图 10-15 所示。

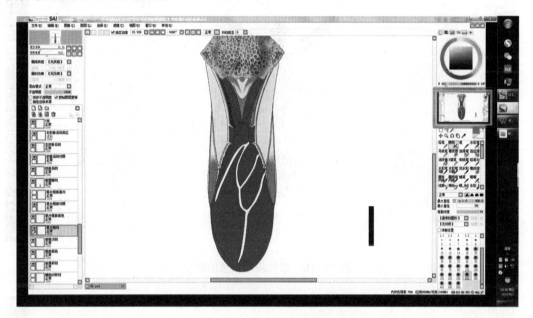

图 10-15　前翅革片翅脉的高光效果

10.7　前翅革片质感的表现

猎蝽前翅革片上有不规则的微小弱隆起，各个隆起上分别有淡黄色短刚毛一根。点击"革片暗斑"图层，激活后点击"新建图层"按钮，将新图层命名为"革区表面质感"，并设置为"剪贴图层蒙板"。按下"B"键，启动"喷枪"工具，将笔尖大小设置为 40 像素，笔刷形状为"柏木"，笔刷材质选择"复印纸 300"。点击"吸管"工具，在色轮上选择黄褐色为前景色，在前翅革片上绘制革片表面粗糙的效果（图10-16）。点击"革片暗斑"图层，对革片翅脉阴影处进行衬阴处理，效果如图 10-17 所示。

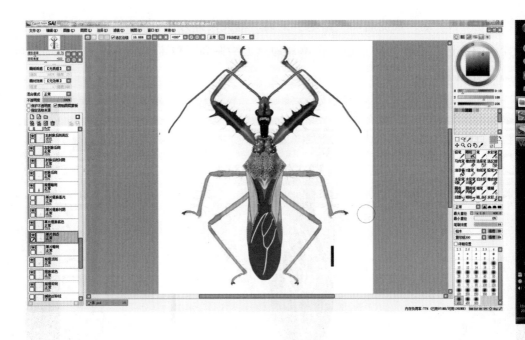

图 10-16　革片粗糙质感的绘制

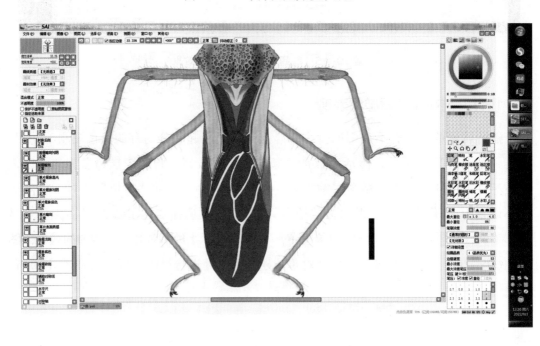

图 10-17　革片翅脉阴影的衬阴效果

点击"革片暗斑"图层，在色轮上选择灰黄色作为前景色，其他设置不变，结合实体显微镜下的视觉检测情况，继续用"喷枪"工具把革片上的暗区及前胸背板在右革片基部的阴影绘出（图 10-18）。

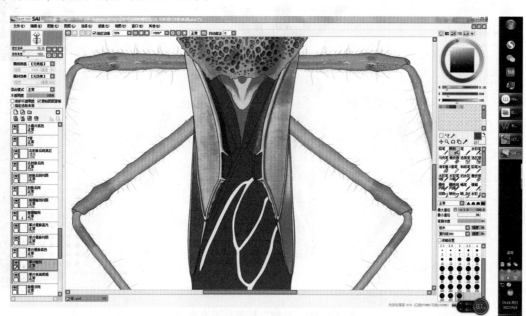

图 10-18　革片暗区及阴影的表现效果

10.8　革片高光的表现

点击"革片暗斑"图层，点击"新建图层"，将其命名为"革片高光"，设置为"剪贴图层蒙版"，按下"N"键，启动"铅笔"工具，笔尖形状设置为"矩形"，最大直径选择 3 像素，前景色选择白色，在前翅革片上绘出高光效果（图 10-19）。

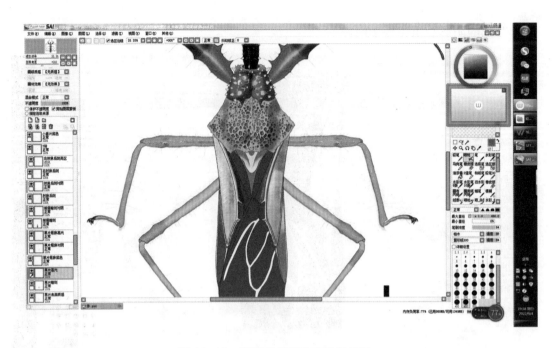

图 10-19　猎蝽前翅革片高光的效果

10.9　革片细毛的表现

点击"革片翅脉高光"图层，激活后，点击"新建图层"，将其命名为"革片刚毛"，按下"N"键，笔尖形状设置为"山峰"形，最大直径为 3 像素，前景色选择黄褐色，结合实体显微镜下的视觉检测情况，在前翅革片绘制细刚毛（图 10-20，图 10-21）。在背景略暗的部分，可以将明度值调节得略高些；在背景较亮的部分，则把明度值调低，使得刚毛更为突出。

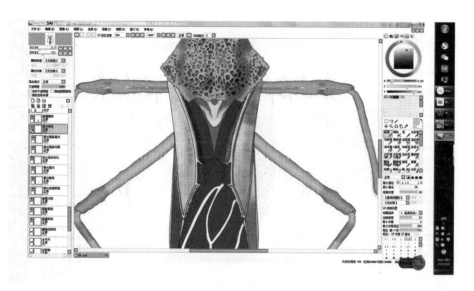

图 10-20 猎蝽前翅革片刚毛的表现

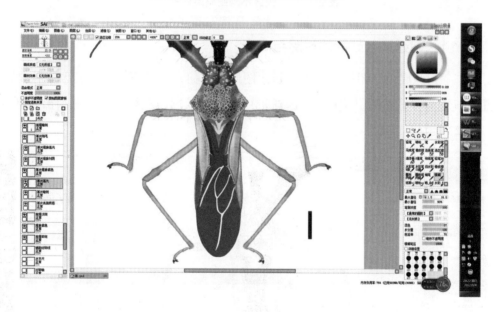

图 10-21 前翅革区淡斑区域刚毛的表现效果

10.10 前翅暗区的黑斑及阴影的表现

点击"前翅暗斑衬阴"图层，启动"喷枪"工具，前景色选择暗褐色或黑褐色，在前翅膜区及革区肘脉后域的膜质区域上绘出不规则的褶皱阴影。先完成大的暗条绘制，然后把"笔刷形状"改为"柏木"，应用笔刷的材质选"复印纸 300"，像素选择 300，在前翅膜区进行喷涂，效果如图 10-22 所示。

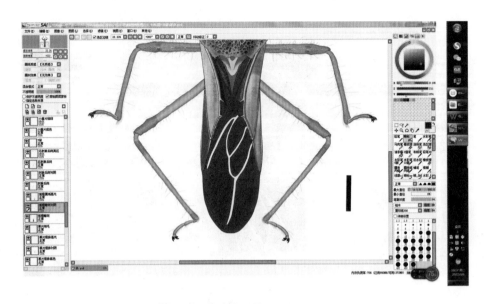

图 10-22　膜区不规则暗斑的绘制

10.11　前翅膜区翅脉的衬阴与高光

点击"翅脉底色"图层，点击"新建图层"按钮，将其命名为"膜区翅脉衬阴"，设置该图层为"剪贴图层蒙版"，选择暗褐色为前景色，在膜区翅脉上绘出阴影效果（图 10-23）。

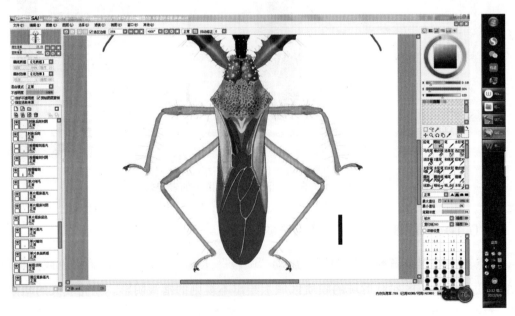

图 10-23　前翅膜区翅脉衬阴效果

10.12　前翅膜质区域阴影与高光效果

点击"前翅暗斑衬阴"图层，前景色选择暗褐色，用"喷枪"工具喷绘出大的暗纹效果。点击"前翅暗斑高光"图层，结合实体显微镜下的视觉检测情况，继续使用"喷枪"工具，把"笔刷形状"改为"柏木"，应用笔刷的材质选"复印纸 300"，像素选择 100，把褶皱区域的高光逐一绘出。同时补充其他革片与膜片交界区域的高光效果（图 10-24）。

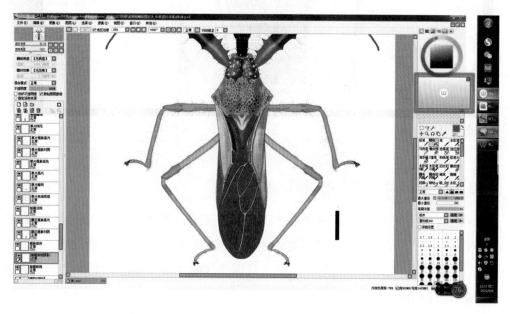

图 10-24　前翅膜质区域高光效果

10.13　小盾片色斑的细化

点击"小盾片底色"图层，点击"新建图层"按钮，将其命名为"小盾片衬阴线条"。按下"N"键，选择灰褐色为前景色，笔尖形状选择"山峰"形，最大直径选择 3 像素，绘出小盾片边缘侧脊，参考前面的操作，制作"小盾片侧脊底色""小盾片侧脊衬阴" 2 个辅助图层，底色部分选用黄褐色为前景色，衬阴部分选择暗褐色为底色，都使用"喷枪"工具进行绘制。另外建立"小盾片侧脊高光"图层，高光部分选择白色为底色，使用"铅笔"工具进行绘制。"小盾片侧脊衬阴"图层和"小盾片侧脊高光"图层都在"小盾片侧脊底色"图层的上方，并且都设置为"剪贴图层蒙版"。小盾片侧脊的表现效果如图 10-26 所示。小盾片 Y 型脊外侧的阴影也在"小盾片衬阴线条"图层进行表现（图 10-25）。

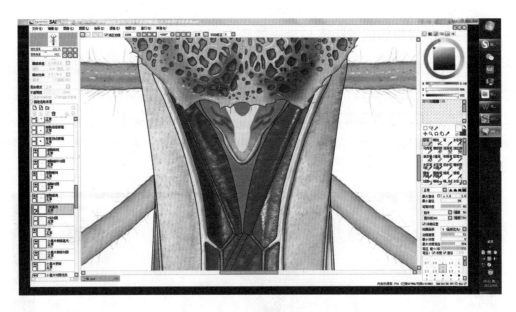

图 10-25　小盾片侧脊的表现

10.14　小盾片 Y 型脊的衬阴和高光处理

点击"Y 脊"图层，点击两次"新建图层"按钮，将新建的两个图层分别命名为"Y 脊衬阴"和"Y 脊高光"，衬阴前景色选择灰色，高光前景色选择白色。绘制方法分别采用"喷枪"工具和"铅笔"工具，具体操作参考前文描述。小盾片 Y 型脊的表现效果如图 10-26 所示。

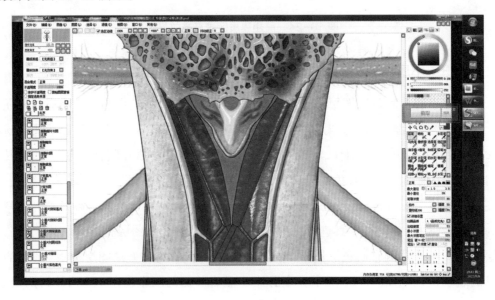

图 10-26　小盾片 Y 型脊的衬阴和高光效果

10.15　附肢和整体的色调平衡

在实体显微镜下，全面检视 3 对足和翅及前胸、头部的色调协调性，对图稿各个相关图层进行微调。点击"右 3 足"图层组，点击"新建图层组"按钮，将其命名为"足"。把"左 3 足"和"右 3 足"2 个图层组拖入其中。点击"套索"工具，把后足的股节、胫节、跗节的淡黄色斑块选中（图 10-27），按下"Ctrl+U"键，向右调节饱和度，使之增大，效果接近视检效果后，点击"确定"，按下"Ctrl+D"键，取消选区（图 10-28）。采用类似的方法，把中足的淡黄色斑块的饱和度调低，明度调高，效果如图 10-29 所示。

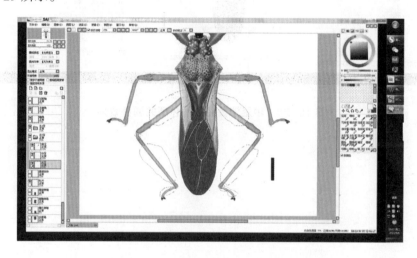

图 10-27　用套索工具选择后足的淡黄色斑块

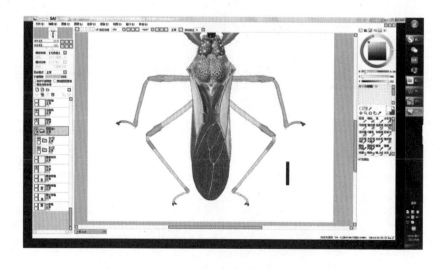

图 10-28　后足淡黄色斑块色调的调整效果

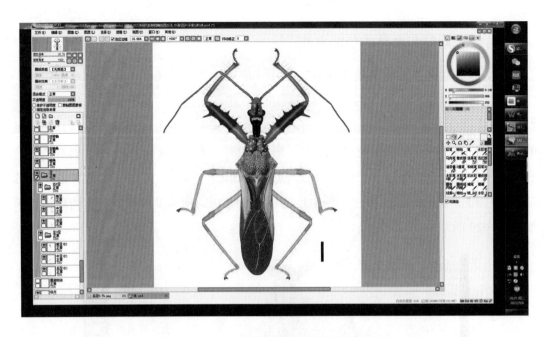

图 10-29　中足淡黄色斑块色调的调整效果

第 11 章 腹部的绘制

11.1 腹部侧接缘线稿的准备

在 SAI 软件中，打开"猎蝽侧接缘 1.jpg"文件（图 11-1），打开 0.7 倍物镜下的标尺采集文件"0.7.jpg"（图 11-2），点击画布右侧的矩形选择工具，然后用感应笔尖点击标尺图像中的 1mm 的白色标尺的左侧上方，向右下方拖动笔尖，拉出一个矩形的选区，其中包括标尺和文字说明（图 11-3）。按下"Ctrl+C"键，然后点击画布下方的"猎蝽侧接缘"原始图片文件的图标按钮，按下"Ctrl+V"键，会自动产生 1 个复制标尺的图层（图 11-4）。点击画布上方的文件下拉对话框，点选"另存为"，在弹出的"保存图像"对话框中，保存文件的类型选择"SAI（*.sai）"格式，点击"确定"（图 11-5）。原来的".jpg"格式的图片文件会转存为".sai"格式的图片文件，可以包含多个图层。

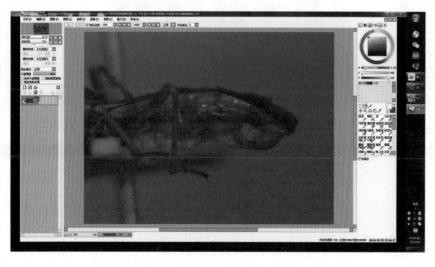

图 11-1　轮刺猎蝽的腹部侧面原始采集图像

239

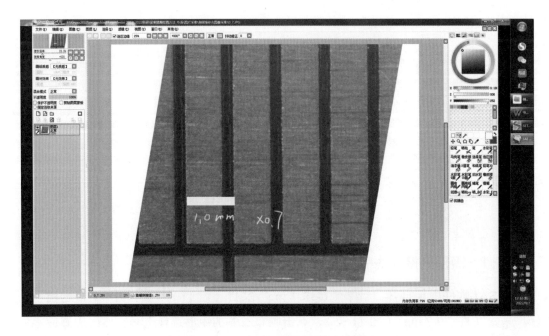

图 11-2 0.7 倍物镜下的标尺图像

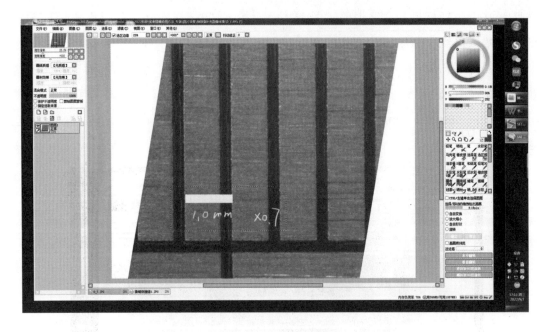

图 11-3 标尺选区的制作

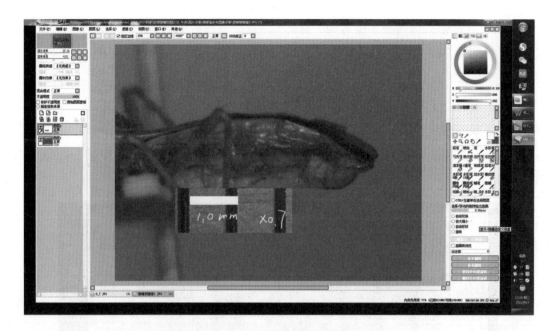

图 11-4　标尺图层的复制

图 11-5　保存图像对话框

按下"Ctrl"键，同时用感应笔点击标尺，在数位板上向右下侧拖动，把标尺移动到空白区域（图 11-6），双击画布左侧该图层的图标，将其命名为"标尺原稿"。同理，把侧接缘原稿图层命名为"腹部侧面原稿"。点击"标尺原稿"图层图标，点击

"新建图层"按钮，将新图层命名为"标尺"，点击画布右侧的"矩形"选择工具按钮，拉出 1 个 1mm 长的细长的矩形选区，大小和"标尺原稿"图层中的白色标尺长度一样，也可以和刻度尺上的 1mm 的长度一样。在色轮上选择红色为前景色，点击画布右侧的"油漆桶"工具，隐藏"标尺原稿"图层和"腹部侧面原稿"图层，点击新制作的狭长的矩形选区，该标尺选区立刻变为红色（图 11-7），按下"Ctrl+D"键，取消选区，点击"腹部侧面原稿"图层左侧上方的白色矩形小方块，出现"眼睛"图标（图 11-8）。

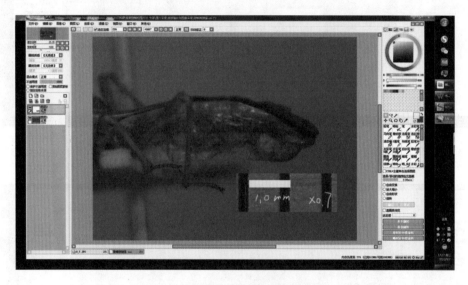

图 11-6　标尺图层的平移

图 11-7　标尺色泽的填充

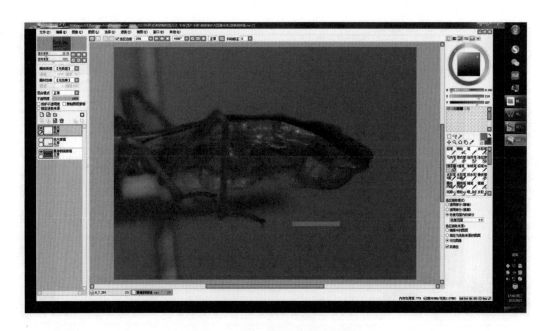

图 11-8　标尺图层的显示效果

　　点击"新建钢笔图层"按钮，将其命名为"侧接缘线稿"。在画布右侧点击"曲线"工具，笔尖形状选择"矩形"，最大直径为 3 像素，笔刷浓度为 100，把猎蝽侧接缘的轮廓描绘出来。在描绘过程中，按下"Ctrl+Enter"键，同时用感应笔点击该图层点击笔尖，可以随时放大图像（图 11-9）。按下"Alt+Enter"键，同时滑动笔尖，可以旋转画布（图 11-10），需要恢复原来大小和旋转位置时，可以点击画布上方的"重置视图显示位置"和"重置视图显示角度"按钮。用感应笔在侧接缘的轮廓依次点击，绘图完成时，在线段末端连续点击两次，可以终止绘制（图 11-11）。点击画布右侧的"锚点"工具，用感应笔点击需要移动的"锚点"，可以把侧接缘下方的不规则部位修整自然（图 11-12）。

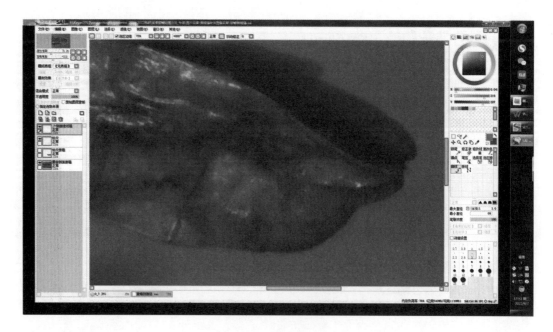

图 11-9　放大的腹部

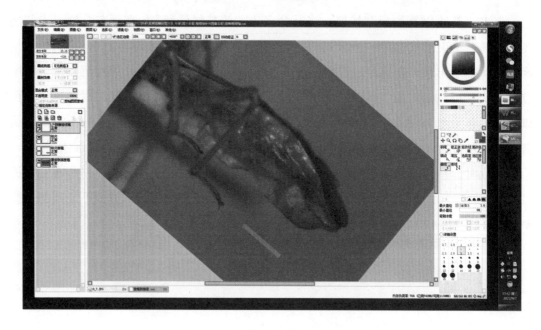

图 11-10　猎蝽腹部所在画布的旋转

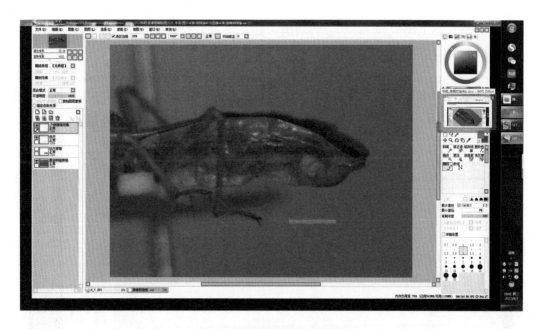

图 11-11　侧接缘轮廓的绘制

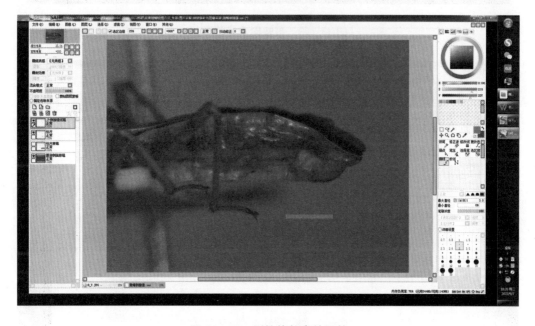

图 11-12　侧接缘轮廓的调整

11.2　侧接缘线稿与猎蝽整体图的拼接

隐藏"腹部侧面原稿"图层（图 11-13），点击画布右侧的"更改色"工具，在色轮上选择黄褐色，每个线段都点一下（图 11-14）。点击画布左侧的"向下合拼"按钮，

"侧接缘线稿"钢笔图层和"标尺"普通图层合并成为 1 个普通图层（名称为"标尺"），双击该图层，将该图层重新命名为"侧接缘线稿 – 标尺"图层（图 11–15）。

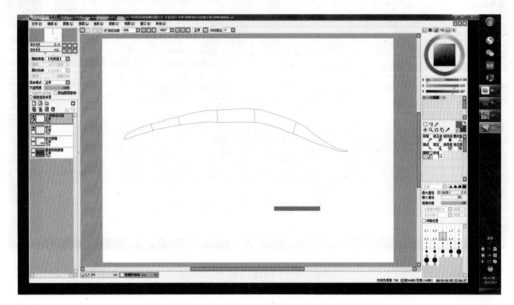

图 11–13　猎蝽侧接缘的形状

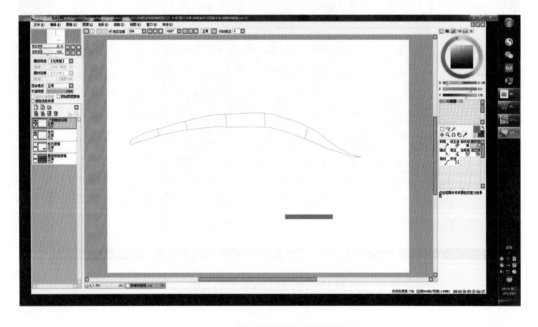

图 11–14　侧接缘线条色泽的调整

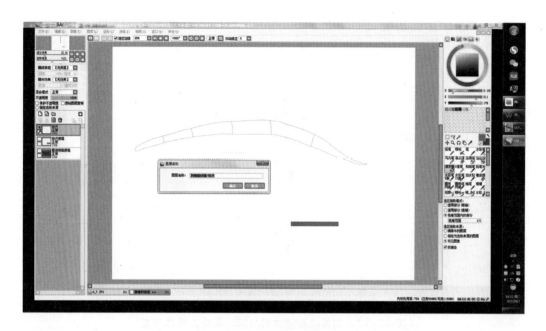

图 11-15　侧接缘线稿图层和标尺图层的合并及重新命名

按下"Ctrl+A"键，按下"Ctrl+C"键。重新打开"体.psd"文件。点击"辅助对称线"图层（隐蔽的图层），按下"Ctrl+V"键，双击新的复制图层，命名为"侧接缘线稿"（图 11-16）。按下"Ctrl+T"键，启动自由变换，把红色标尺和原来的黑色标尺的长度调成相等（图 11-17）。

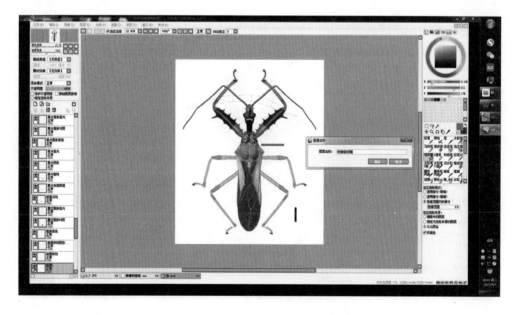

图 11-16　侧接缘线稿图层的复制和命名

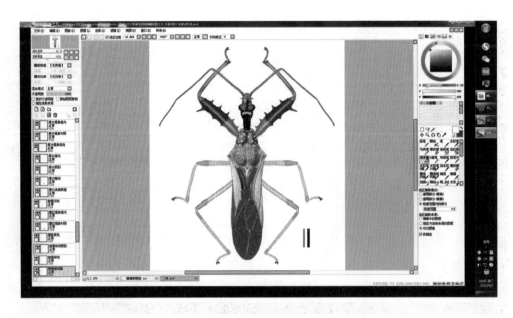

图 11-17　侧接缘和整体图的标尺调整为同样长度

隐藏"前胸底色""前翅淡斑""前翅暗斑"3 个图层（图 11-18），点击"侧接缘线稿"图层图标，激活变为蓝色，按下"Ctrl"键，同时在数位板上拖动感应笔尖，把侧接缘轮廓线移动到虫体腹部的右侧。显示"对称轴"图层（图 11-19）。点击画布右侧的"套索"工具，把红色标尺圈选后（图 11-20），按下"Ctrl+X"键，删去红色标尺。

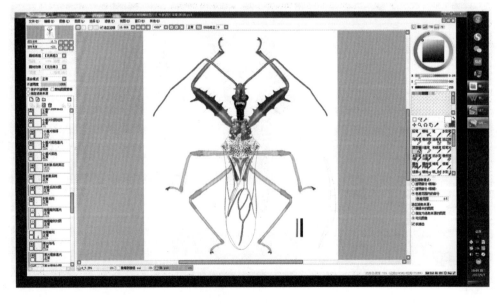

图 11-18　隐藏前胸和翅的底色图层的效果

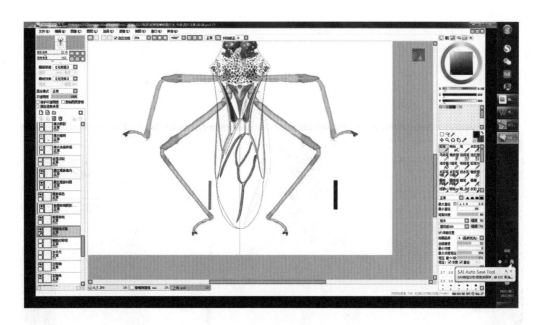

图 11-19　侧接缘的拼接

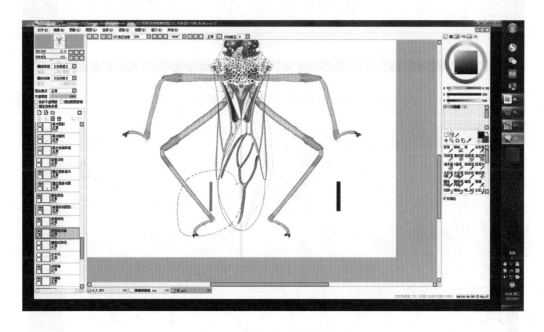

图 11-20　选中待清除的标尺

点击画布上方的"图层"下拉对话框,点选"复制图层",然后再次点击"图层"下拉对话框,点选"水平翻转"图层(图 11-21)。按下"Ctrl"键,同时连续点击"←"键,把左侧的侧接缘拼接到虫体上(图 11-22)。显示"辅助对称线",按下

"Ctrl"键，同时用笔尖把绿色的辅助线拖动到腹部最宽处，点击矩形选择工具，在侧接缘内侧线条的外方拉一个矩形（图11-23），按下"Ctrl+X"键，删除多余绿色辅助线（图11-24）。按下"Ctrl"键，同时连续点击"←"键，把绿色的辅助线移动到对侧，确保其和右侧的侧接缘对称（图11-25）。隐藏"辅助对称线"图层。

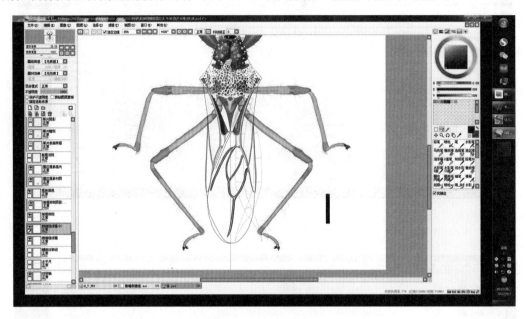

图 11-21　复制侧接缘线稿图层并水平翻转

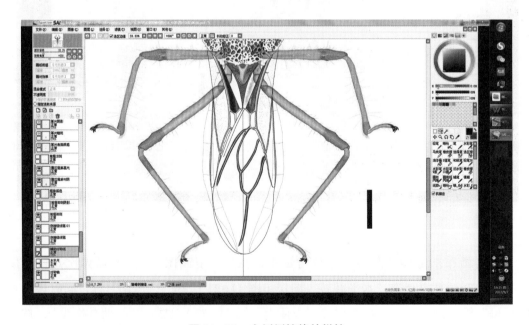

图 11-22　左侧侧接缘的拼接

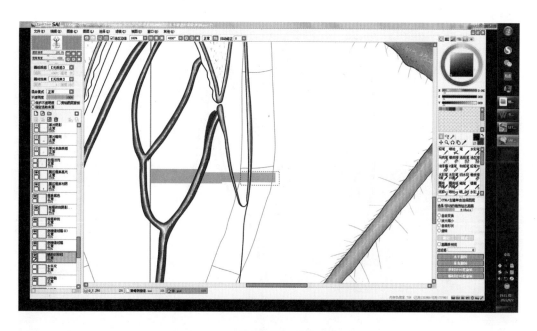

图 11-23　确定待删除的辅助线长度

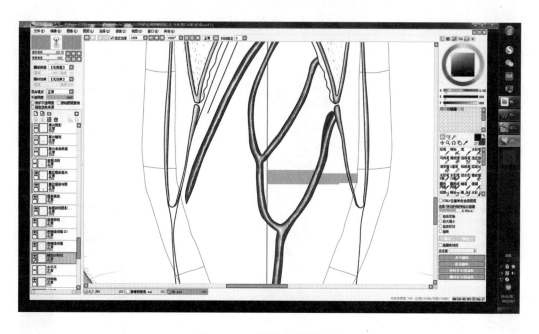

图 11-24　删除多余辅助线

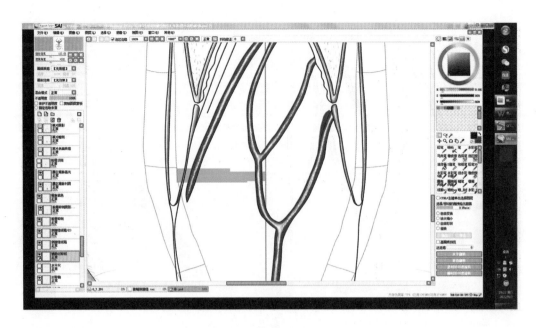

图 11-25　侧接缘对称性的核定

在实体显微镜下视检标本，对侧接缘姿态进行微调（图 11-26），对称性检查方法参考前文。

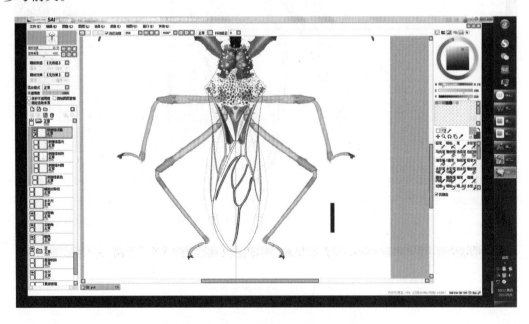

图 11-26　侧接缘线稿的微调效果

11.3　侧接缘底色图层的制作

关闭"猎蝽侧接缘 .sai"文件和"0.7.jpg"标尺原始文件，节省磁盘空间。点击画布下方的"体 .psd"文件显示按钮，隐藏"足"图层组。点击画布右侧的"魔棒"工具，设置"选区抽取来源"为"可见图像"，同时设置"选区抽取模式"为"色差范围内的部分"，其中色差范围定义为 ±5。然后用感应笔点击侧接缘在前翅外侧的部分，制作侧接缘底色选区（图 11-27）。

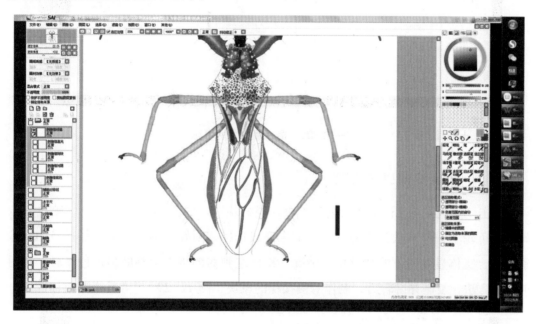

图 11-27　侧接缘选区的制作

双击复制的"侧接缘线稿（2）"图层图标，点击画布左侧的"向下合拼"按钮，该图层与"侧接缘线稿"图层合并，成为新的"侧接缘线稿"，包含左右两侧的侧接缘线稿。点击"新建图层"按钮，将其命名为"侧接缘底色"。点击画布右侧的"油漆桶"工具，在色轮上选择黄褐色为前景色。用感应笔点击侧接缘，完成侧接缘底色图层的上色（图 11-28）。按下"Ctrl+D"键，取消选区。缩小图像，显露"前胸底色""前翅淡斑""前翅暗斑"3 个图层，查看侧接缘的整体效果。

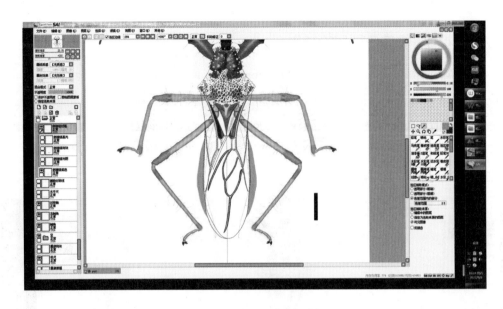

图 11-28　侧接缘底色的填充

11.4　侧接缘暗斑的表现

点击"新建图层"，将其命名为"侧接缘斑块"，按下"B"键，启动"喷枪"工具，在色轮上选择暗褐色为前景色，笔尖形状选择"山峰"形，最大直径选择 100 像素。结合实体显微镜下的视觉检测情况，绘出左侧的侧接缘背侧的暗褐色斑块，利用前面的方法，复制并翻转后，制作对侧接缘的斑块（图 11-29），并检查其对称性。

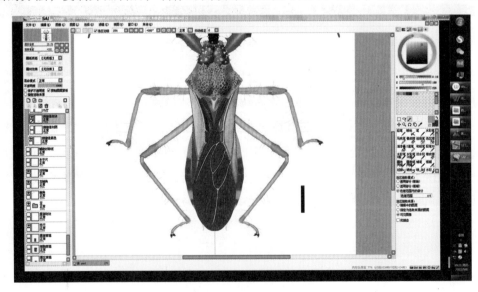

图 11-29　侧接缘暗斑的添加

11.5　侧接缘的衬阴和高光处理

点击"侧接缘底色"图层，点击"新建图层"按钮，将新图层命名为"侧接缘衬阴"，设置为"剪贴图层蒙板"，按下"B"键，快捷启动"喷枪"工具，选择暗褐色为前景色，笔尖形状为"山峰"形，最大直径为 20 像素，在侧接缘的边缘喷涂出窄细的衬阴效果（图 11–30）。点击"侧接缘斑块"图层，点击"新建图层"按钮，将新图层命名为"侧接缘高光"，设置为"剪贴图层蒙版"，按下"N"键，启动"铅笔"工具，选择白色为前景色，笔尖形状为"矩形"，最大直径为 2 像素，在侧接缘节间位置绘出高光效果（图 11–31）。

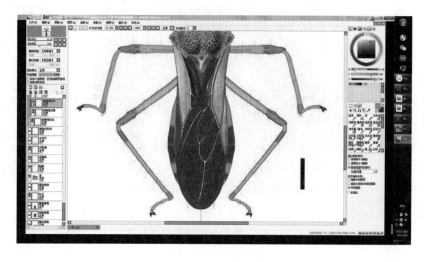

图 11–30　侧接缘的衬阴效果

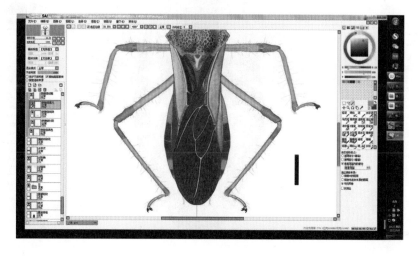

图 11–31　侧接缘的高光效果

11.6　腹部刚毛的添加

隐藏"足"图层组。点击"侧接缘线稿"图层，点击"新建图层"按钮，将新图层命名为"腹部刚毛"。按下"N"键，在色轮上选择褐色为前景色，笔尖形状选择"山峰"形，笔尖直径选择 2.3 像素。在实体显微镜下仔细观察腹部侧接缘上的刚毛的粗细、长度、伸展方向、色泽，逐一绘出（图 11-32，图 11-33）。

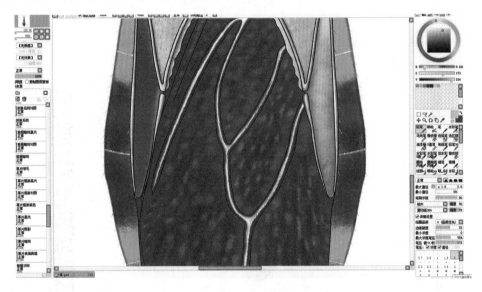

图 11-32　腹部侧接缘刚毛的效果

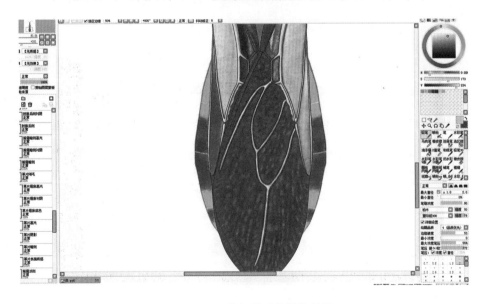

图 11-33　腹部刚毛的整体效果

　　至此猎蝽背面的整体绘制就完成了，显露"足"图层组，查看整体效果（图11-34）。

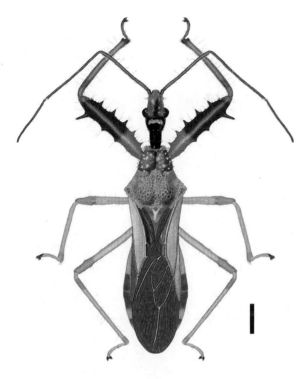

图 11-34　猎蝽背面整体效果

第 12 章　图片保存

12.1　常用图片文件的格式

图片的保存方式可以选择".jpg"格式，这种格式的图片文件应用最为广泛，比较节省存储空间。".png"格式和".tif"格式的图片文件，比较适合学术期刊或出版专著使用，占用的存储空间比".jpg"格式要大一些。但用这几种格式保存图片，最后图片所展现出的都是可见图层全部合并为一个图层的效果，不方便为以后绘制其他同类昆虫提供参考。

可以保存绘图过程中所有图层的文件格式有".psd"格式和".sai"格式。其中，".psd"格式的多图层文件在所有的高级绘图软件中都可以打开，通用性较强，缺点是占用空间较大。".sai"格式的图片文件是 SAI 软件默认的多图层图片文件，优点是占用空间较少，缺点是通用性较差。

在绘图过程中，一般采用".psd"格式或".sai"格式保存文件。使用".sai"格式存储的图片文件，在利用 Photoshop 软件处理图片时，需要另存为".psd"格式，然后才可以顺利打开，并进行相应的绘图操作。总体来看，Photoshop 软件比较大，占用较多的存储空间，适合在计算机硬件条件较好的时候使用，绘图软件的功能更为强大。使用 SAI 软件绘图，对计算机硬件条件要求较低，软件比较小，占用的存储空间较少，绘图软件的各种功能较为齐全，完全可以满足昆虫数字绘图的需要。

12.2　绘图过程中及时存盘的必要性

不论采用哪种图片格式，在绘图过程中都要经常性地保存文件，以防由于电脑内存消耗过大，引发系统崩溃，进而导致所有未保存的图片的丢失。SAI 自动存盘工具（SAI Auto Save Tool）是一款开放使用的工具软件，可以方便地设置自动存盘时间（图

12-1）。在绘图开始时，启动这个软件，对由于内存占用过多造成的系统崩溃有很好的预防作用，可以极大地减少这种"死机"导致的意外损失。

图 12-1　SAI 自动存盘工具的启动界面

附录 SAI 软件的基础使用技巧

SAI 是绘图软件 Easy Paint Tool SAI 的简称，是由 SYSTEMAX 公司开发的。软件特点是比较小巧，可以满足昆虫数字绘图的需要。这个软件的开机界面如图附录 −1 所示。

图附录 −1　打开 SAI 软件的初始界面

附录 1　画布大小的设定方法

打开 SAI 软件后，点击上方菜单的"其他"，在下拉框中点击"选项"（图附录 −2），会自动弹出"选项"对话框（图附录 −3），在工作规模页面上，可以设置画布的宽度和高度。最大图像尺寸的宽度和高度的设置不能高于 10 000 像素。

260

图附录 -2　设置画布参数

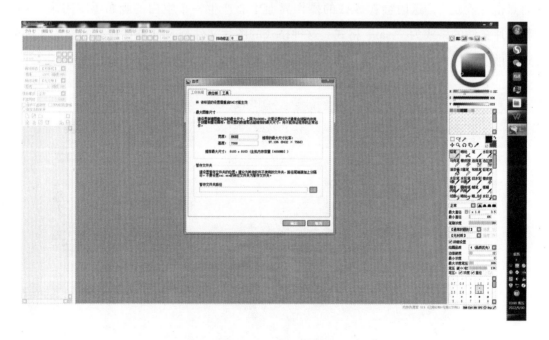

图附录 -3　选项对话框

　　具体设置方法根据需要而定。例如，将画布的宽度设置为 8432 像素，高度设置为 7568 像素，这时一个图层的面积会有 60 MB（1MB 约为 100 万像素），如果有 10 个图层，这个图片文件的大小会有 600MB。如果有 20 个图层，图片文件大小会有 1.2 GB

（1GB 为 1024 MB，约 10 亿像素）。这时候，电脑内存的大小应该不低于 16 GB，这样才不容易死机。这时的图片质量可以用宽（高）尺寸除以 300，再乘以 2.54 来判断，即图片印刷的尺寸为 71.4cm×64.0cm 时，图片是高清的，这种图片在户外大型广告上使用是没有问题的。如果是常规图书或期刊上配图使用，印刷的尺寸在 12cm（宽度）×18cm（高度）就足够清晰了。换算为像素公式为 1400（宽度）×2100（高度），这时每个图层的大小约为 3 MB，计算机的内存在 4GB 至 8GB，即可满足绘图操作需要。通常，绘制一幅昆虫整体图需要 100 到 200 个图层。图像最大尺寸设置完成后，点击"确定"即可。

附录 2　线条的绘制方法

启动 SAI 软件后，点击文件下拉框，用鼠标或感应笔点击"新建文件"（图附录 -4），自动弹出"新建文件"对话框，核查新建图片的宽度和高度设置，分辨率设置为 300（图附录 -5）。可以把文件名改为所要绘制昆虫的名称，如轮刺猎蝽等。最后点击"确定"，这时会在 SAI 的操作界面中心产生一个空白的画布（图附录 -6），新图片文件的格式为".sai"格式。这种格式的图片文件是 SAI 软件特有的图片文件格式，可以另存为常用的".jpg"格式，或与 Photoshop 软件兼容的".psd"格式。

图附录 -4　启动新建文件操作

新建图像

文件名：新建图像

预设尺寸：

宽度：8432   pixel

高度：7568

分辨率：300   pixel/...

尺寸信息

图像尺寸：8432 x 7568 (713.91mm x 640.758mm)
宽度上限：8432 x 7568 (713.91mm x 640.758mm)
高度上限：8432 x 7568 (713.91mm x 640.758mm)

确定   取消

图附录 -5　新建图像对话框

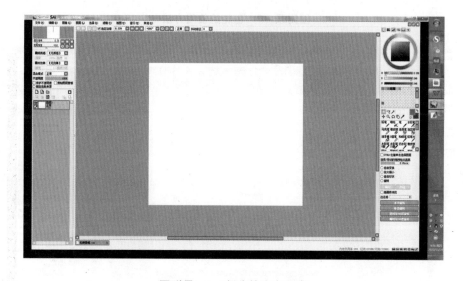

图附录 -6　新建的空白画布

此时，用感应笔在绘图板上悬空滑动，但不要接触绘图板，可以看到鼠标在移动，这时感应笔和鼠标的功能是相同的。把感应笔移动到操作界面的右侧，点击上方的环形色轮中的蓝色，在操作界面右侧可以看到色轮中部的方形色块的右上角变为蓝色，左下角为黑色（图附录 -7）。在操作界面右侧中部，点击"铅笔"工具，在操作界面右侧的下方，会有许多黑色的圆斑，点击笔尖的大小，选择黑圆斑下方有 100 数字的图案，用感应笔点击一下。这时绘制者设定的感应笔就是蓝色的，绘制的线条的宽度为 100 像素。然后用感应笔在白色画布上滑动，也就是在绘图板上用感应笔滑动，画出"S"形（图附录 -8）。

图附录 -7　色轮的使用方法

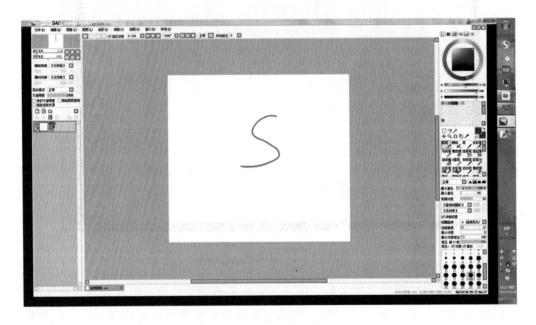

图附录 -8　铅笔工具的使用方法

通常绘制昆虫外轮廓线时，可以选用 5 至 10 像素的黑色线条来绘制。如果原始的昆虫图片过于黑暗，也可选择红色作为轮廓线条的颜色。

附录 3　刚毛的绘制方法

打开"铅笔"工具，对其进行参数设置（图附录 -9），用感应笔点击铅笔工具参数设置界面最右侧的方块，将笔尖的形状设置为"矩形"，将 SAI 操作界面上色轮上的颜色选择为红色，笔尖大小选为 8 像素，继续在画布上"S"形图案的右侧画 3 条斜线（图附录 -10），此时红色的线条颜色很淡。打开"铅笔"工具，将"笔刷浓度"调整为 90，然后在"S"形图案的左侧再画 3 条斜线。新画的线条的颜色更为鲜亮了（图附录 -11）。

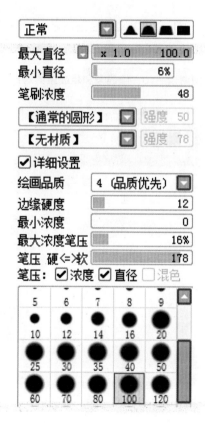

图附录 -9　铅笔参数的设置方法

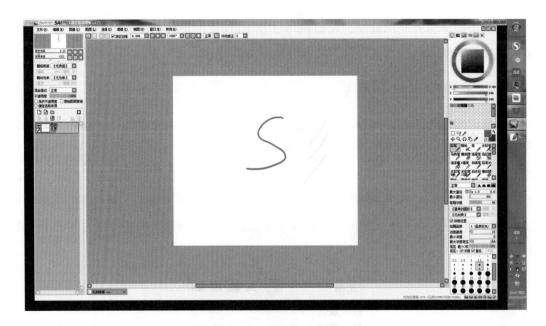

图附录 –10　细线条和粗线条的对比

图附录 –11　笔刷浓度的调整效果

　　继续检查图附录 –9 中笔刷的设置参数，将"最小直径"6% 调整为 90%，同时将铅笔直径调整为 200 像素，然后在"S"图形的上方画 3 条斜线（图附录 –12），此时新画的线条粗细比较均匀。再次将"最小直径"调整为 6%，继续在"S"图形的下方画 3 条斜线（图附录 -13），此时，可以发现尽管铅笔直径的设置仍为 200 像素，但是线条比上方的 3 条斜线明显变细了。

图附录 -12　线条粗细变化

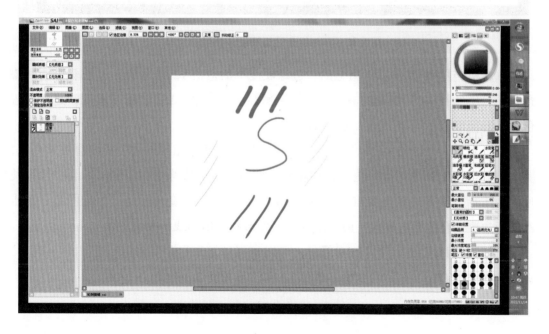

图附录 -13　线条末端的细化处理

用感应笔在"笔尖形状"中选择最左侧的"山峰"形，继续在"S"图形的右下方画 3 条斜线，用感应笔点击操作界面上方的"放大倍数"，点击加号，将其调整为 25%，人们可以发现，"S"图形的右下角新画的斜线与"S"图形下方的 3 条斜线相比，新画的斜线的边缘变得模糊了（图附录 −14）。"笔尖形状"的"圆帽形"和"梯形"对线条边缘硬度的影响介于"山峰形"和"矩形"之间。

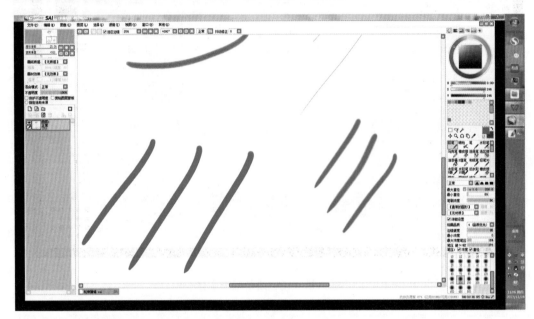

图附录 −14　线条边缘清晰和模糊的处理

重新检查图附录 −9，将铅笔的"边缘硬度"的值由 12 调为 90，再把颜色调回蓝色，同时继续在"S"图形的右下方画 3 条斜线（图附录 −15），可以发现，这 3 条蓝色斜线的粗细很不均匀，同时线条的边缘又变得清晰了。

总体来看，当"笔尖形状"选择"山峰"以后，线条粗细的均匀程度会更加多变，其与绘制昆虫时用力的大小更加密切相关，同时线条的边缘变得模糊了。当"边缘硬度"变大后，线条边缘会变得更加清晰，但是线条的粗细变化还是受用绘图笔尖按压绘图板力度变化的影响较大，而"矩形"笔尖形状画出的线条粗细整体上是均匀的。

所以当要画又细又均匀的刚毛时，可以选择"矩形"笔尖形状，把"最小直径"调整为 6%，这样就可以画出又直又均匀、末端逐渐变细的刚毛。

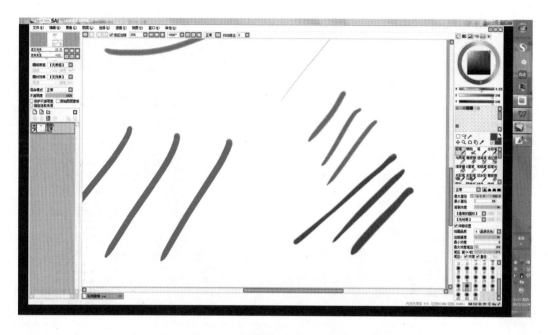

图附录 -15　线条粗细和边缘的均匀度比较

附录 4　喷枪工具的使用方法

用感应笔点击 SAI 操作界面左侧图层操作工具的"清除图层"按钮（图附录 -16），画布上的各个线条和图案就都会被清除。用感应笔点击画布右侧铅笔工具区的"喷枪"工具，笔尖大小设置为 200 像素，颜色在色轮上选择蓝色，在画布上喷涂一个"S"形图案（图附录 -17）。可以发现喷枪的使用方法和铅笔工具使用方法很像，差别就是在绘制粗线条时使用喷枪工具更为方便。

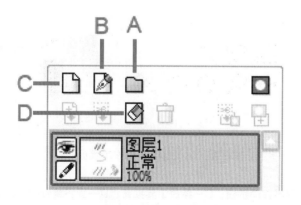

图附录 -16　图层操作按钮

A —新建图层组按钮；B —新建钢笔图层按钮；C— 新建图层按钮；D—清除图层按钮。

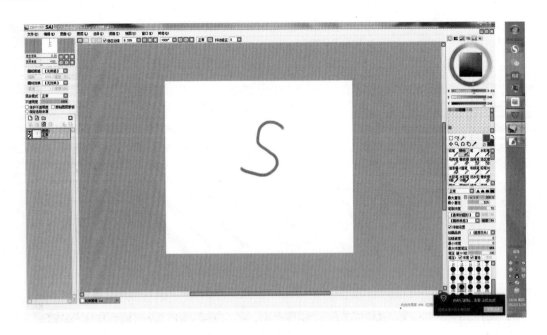

图附录 –17　喷枪使用方法

附录5　选区操作和上色操作

将画布清理干净后，在画布右侧点击矩形选择工具（图附录 –18），然后用感应笔尖在画布上点一下，向斜下方拉出一个矩形，这时画布上会形成一个矩形的"选区"，其边缘为闪烁的虚线（图附录 –19）。用感应笔点击"铅笔"工具区的"油漆桶"按钮，然后在色轮上点击绿色，再用感应笔点击画布上矩形选区的内部，矩形选区变为绿色（图附录 –20）。

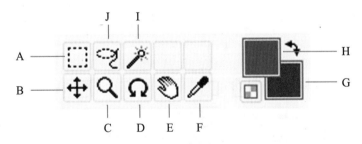

图附录 –18　选区等操作工具区

A—矩形选区按钮；B—图层移动按钮；C—缩放工具按钮；D—画布旋转按钮；E—手型工具按钮；

F—吸管工具按钮；G—背景色按钮；H—前景色按扭；I—魔棒工具按扭；J—套索工具按钮。

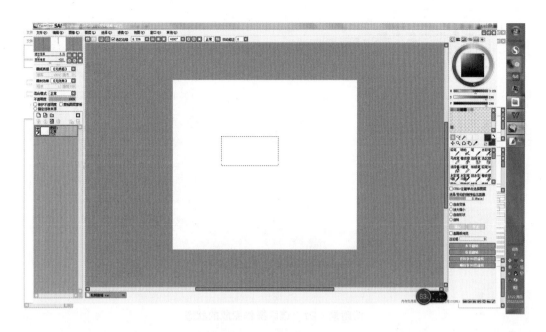

图附录 -19　矩形选区的制作

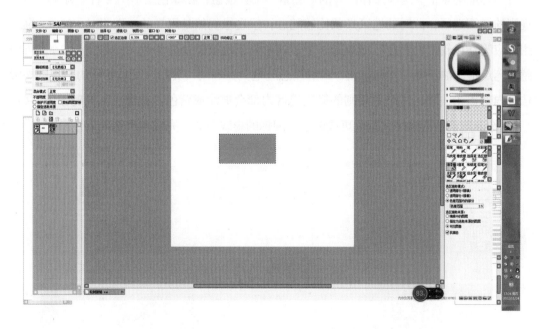

图附录 -20　利用油漆桶工具给选区上色

在键盘上同时按下"Ctrl"键和"D"键（一般写成"按下'Ctrl + D'键"），可以取消选区，此时选区边缘闪烁的虚线消失。此时，选区操作也全部完成（图附录 -21）。

271

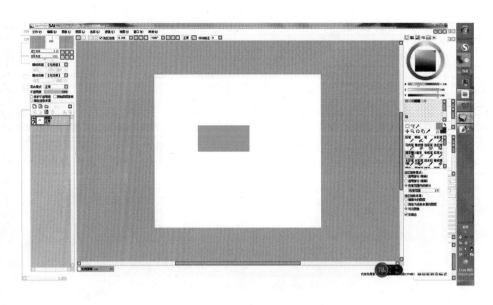

图附录 -21 选区操作完成的状态

　　用感应笔点击"选区操作区"的"套索"工具按钮，在绿色矩形图形右下方画一个不规则的椭圆选区，此时的选区形状比较随意，但边缘仍然是闪烁的（图附录 -22），继续用感应笔在色轮上的紫色区域点击一下，这时前景色按钮变为紫色（图附录 -23），再用感应笔点击"油漆桶"工具按钮，最后用感应笔尖在利用"套索"工具制作的不规则椭圆选区内部点击一下，这时不规则的椭圆选区内部会被涂成紫色。在键盘上同时按下"Ctrl＋D"键，取消当前选区，紫色斑块的边缘闪烁的虚线消失，完成本次选区上色操作。

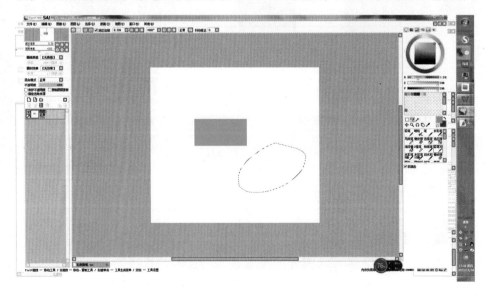

图附录 -22 利用套索工具制作选区

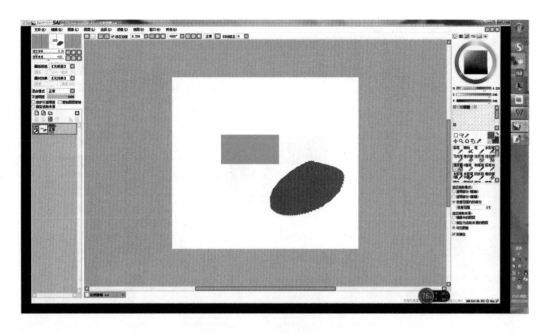

图附录 -23　不规则选区的上色操作

　　用感应笔点击"铅笔"工具按钮，笔尖大小设置为 8 像素，前景色保持不变，在画布左下方画一个三角形（图附录 -24），注意线条接口处要完全接上，使得三角形的内部封闭。再用感应笔点击"选区操作区"的"魔棒"工具按钮，然后用感应笔点击"三角形"图案的内部，三角形图形内部变为蓝色（图附录 -25），此时三角形的内部成为新的"选区"，用感应笔在色轮上点击黄色，使得前景色变为黄色，再点击"油漆桶"工具，此时，三角形图形内部的蓝色褪去成为无色，三角形选区的边缘保持闪烁状态。最后点击"三角形"图形内部的选区，完成三角形图形内部的黄色填涂工作（图附录 -26）。同时，在键盘上按下"Ctrl + D"键，取消当前选区，完成对选区的上色操作。

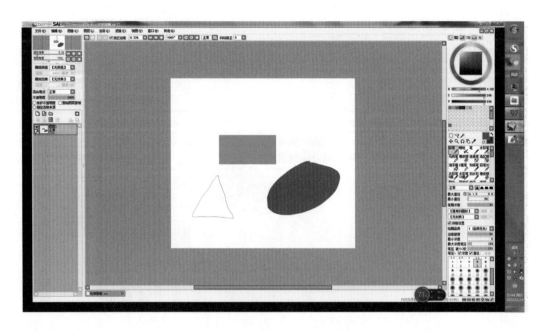

图附录 -24　选区的制作和上色操作

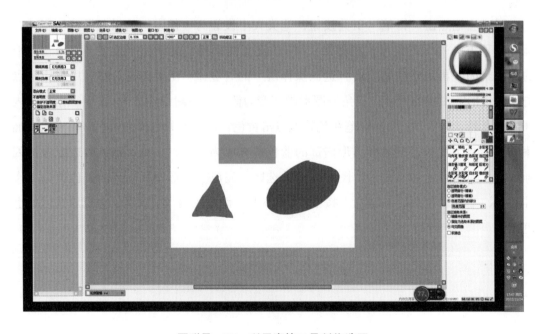

图附录 -25　利用魔棒工具制作选区

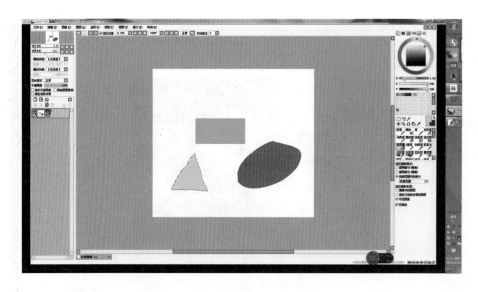

图附录 –26　三角形选区的黄色填涂效果

附录 6　选色操作和颜色调整

点击"清除图层"按钮，把画布重新清理干净。打开一个彩色的图片（图附录 –27）。用感应笔点击"矩形选择工具"按钮，在图片中心拉出一个矩形选区（图附录 –28）。在键盘上同时按下"Ctrl + C"键，点击 SAI 操作界面下方的"轮刺猎蜻"图片文件按钮，再同时按下"Ctrl + V"键，这时，原来的白色画布的上方会自动新建一个图层，选择的彩色图片的图案就复制到"轮刺猎蜻 .sai"图片文件中了（图附录 –29）。

图附录 –27　普通图片文件的打开

275

图附录 -28　利用矩形选区工具选择图案

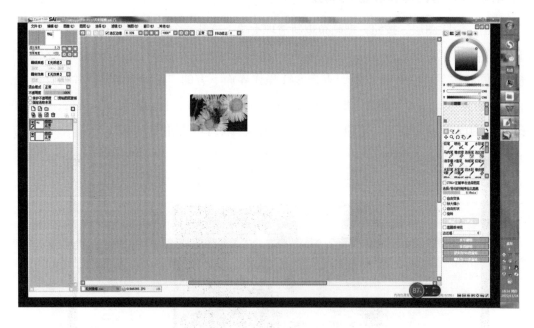

图附录 -29　彩色图案的复制

　　用感应笔点击"缩放"工具按钮，然后在画布上点击几下，把图案放大（图附录 -30）。用感应笔点击画布左侧的"图层操作面板"中的"图层 2"，该图层的图标变为蓝色，然后双击该图标，在画布上会自动弹出一个"图层名称"的弹框，在图层名称中输入"花朵图案",然后点击"确定",此时复制的带有花朵图案的图层的名称变为"花朵图案"(图附录 -31)。再用同样的方法,把原来的"图层 1"名称改为"线条色泽练习"(图附录 -32)。

图附录 -30　图案的放大

图附录 -31　上层图层名称的修改

图附录 -32　底层图层名称的修改

　　用感应笔点击色轮中的黄色，尽量选择颜色接近花朵中央的黄色，点击"喷枪"工具，在画布上画一条黄色的"S"形线条（图附录 -33），此时，线条的颜色和花朵的黄色会有一些差别。用感应笔点击"吸管"工具，然后在花朵中心点击一下，然后点击"喷枪"工具，在花朵下方画一个"C"形图案（图附录 -34）。此时，"C"形图案中，色轮下方的"HSV"颜色滑块的"S"滑块和"V"滑块的参数值分别为 252和 220（图附录 -35）。而"S"形图案中的"S"滑块和"V"滑块的读值均为 246。由此可见，"S"形图案和"C"形图案中的黄色差异非常小，但是前者饱和度值略高（252>246），后者明度值略高（246>220）。从视觉差异上讲，"C"形图案的黄色略微发暗，"S"形黄色图案的黄色更加浓烈。

图附录 -33　彩色线条"S"的绘制

图附录 -34　彩色线条"C"的绘制

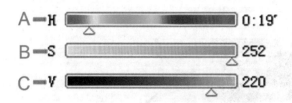

图附录 -35　颜色滑块的调节

　　保持明度值不变，把饱和度值分别调成 30、90、150、180、210，在画布上画出斜向线条（图附录 -36），可以发现，随着饱和度值（S 值）的增大，黄色的色泽愈加浓郁。把明度值（V 值）调整后，绘出的黄色线条的效果如图附录 -37 所示。点击"矩形"选区工具，把前面绘制的斜向线条选中（图附录 -37），然后用感应笔向上拖动选区（图附录 -38），同时按下"Ctrl+D"键，取消选区（图附录 -39）。用同样的方法，点击"吸管"工具，在花朵中部点击取色，将明度值分别调节为 30、100、200、255，在画布下方空白处画出线条进行比较（图附录 -40）。可以发现，随着明度值的变小，黄色线条逐渐变黑变暗。

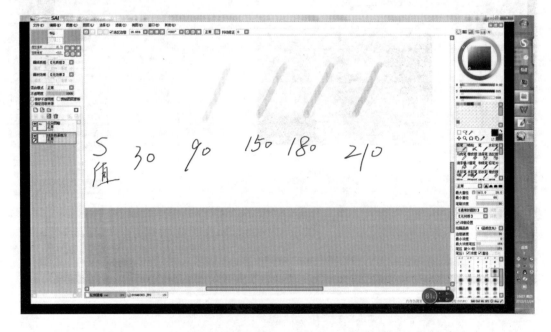

图附录 -36　不同饱和度黄色颜色的比较

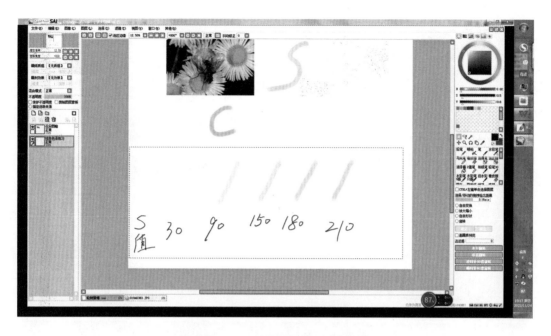

图附录 -37　利用矩形选区选择图案

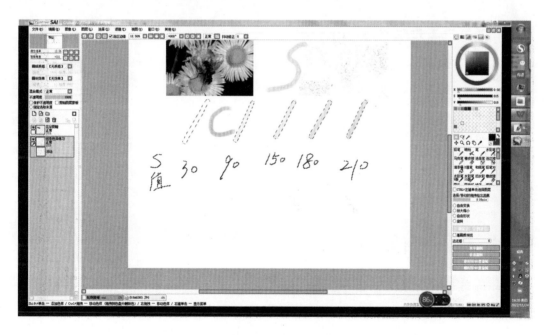

图附录 -38　选区取消前图案位置移动的效果

281

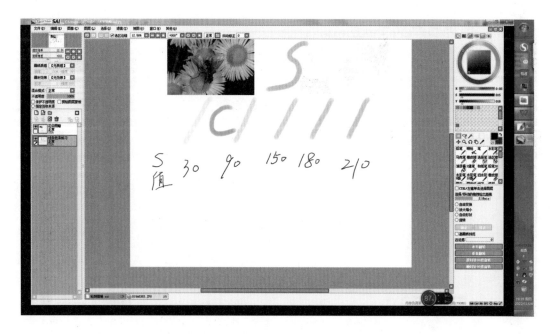

图附录-39　选区取消后图案位置移动的效果

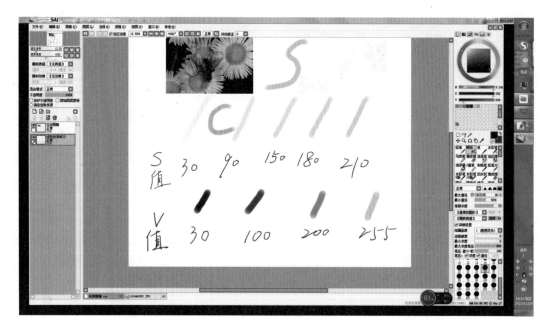

图附录-40　不同明度值和饱和度值黄色线条的比较

值得注意的是，随着色相值（H值）的变化，图案的明度和饱和度看起来好像发生了变化，实际上，绘图师有些时候调色不准的原因和色相值选择得不准确有关，但是色相值的准确感知需要一个长期训练的过程。

附录 7　保持线条颜色一致的方法

用"吸管"工具吸取颜色，每次吸取颜色的位置难免有微小的偏差，进而会引起线条颜色的变化。利用色盘工具可以保存任意一种颜色，并且随时可以方便地调用。例如，在图附录 -41 中，如果想绘制一些彩色线条，线条颜色包括来自花瓣的两种紫色、来自植物的两种绿色、来自熊蜂胸部的两种黄色。可以先用感应笔点击"吸管工具"，在花瓣顶部深紫色处点击一下，这时前景色变为深紫色，用感应笔点击色轮上方的"自定义色盘"按钮（图附录 -42），自定义色盘就会显露出来（图附录 -43），用鼠标右键点击左上方的色盘小块，会在鼠标位置出现一个显示弹框，点击"添加色样"，深紫色的色样就会添加到色盘中，类似地，可以把图附录 -44 中的六种颜色添加到自定义色盘中，分别是来自花瓣的两种紫色、来自植物的两种绿色、来自熊蜂胸部的两种黄色。

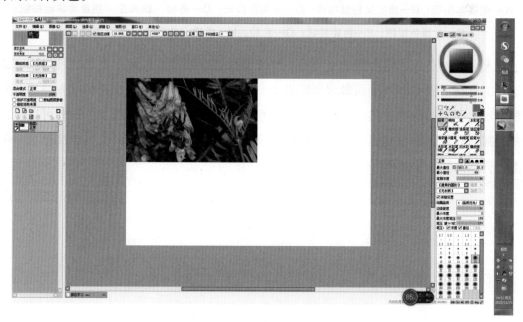

图附录 -41　颜色的保存和调用

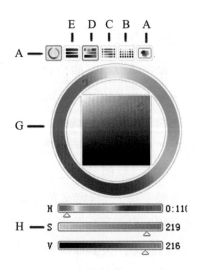

图附录 -42　颜色面板部分显示

A —便笺本按钮；B—自定义色盘按钮；C—中间色按钮；D—色相－饱和度－明度滑块组按钮；

E—三原色按钮；F—色轮按钮；G—色轮；H—色相－饱和度－明度滑块组。

　　人们可以点击色轮上方的"便笺本"按钮，把"便笺本"显示出来，可以用"铅笔"工具在"便笺本"里面做记录。点击"便笺本"右上方的橡皮擦可以方便地清除便笺本上记录的内容。然后可以在自定义色盘中直接取色，绘制线条，这样可以保证每次都可以取到完全相同的颜色。即使关闭 SAI 软件，下次启动时，自定义色盘中的颜色仍然保留，方便再次使用。

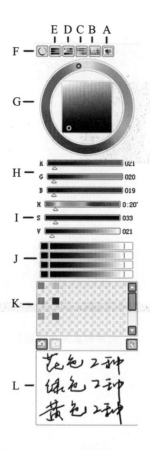

图附录 -43　颜色面板完全显示

A—便笺本按钮；B—自定义色盘按钮；C—中间色按钮；D—色相－饱和度－明度滑块组按钮；

E—三原色按钮；F—色轮按钮；G—色轮；H—三原色滑块组；I—色相－饱和度－明度滑块组；

J—中间色滑块组；K—自定义色盘；L—便笺本。

　　自定义色盘中的色样用鼠标右键点击后，在弹出的弹框中点击"删除色样"，可以方便地对不需要的色样进行删除。

图附录 -44　利用自定义色盘进行取色画线

参考文献

[1] 彩万志. 拉英汉昆虫学词典 [M]. 郑州：河南科学技术出版社，2022.

[2] 彩万志，崔建新，刘国卿，等. 河南昆虫 志半翅目：异翅亚目 [M]. 北京：科学出版社，2017.

[3] 彩万志，庞雄飞，花保祯，等. 普通昆虫学 [M].2 版. 北京：中国农业大学出版社，2011.

[4] 陈广文. 动物学实验指导 [M]. 兰州：兰州大学出版社，2004.

[5] 陈广文，李仲辉. 动物学实验技术 [M]. 北京：科学出版社，2008.

[6] 崔建新，曹亮明，李卫海. 天敌昆虫图鉴（一）[M]. 北京：中国农业科学技术出版社，2018.

[7] 崔建新，潘鹏亮，张永才，等. 昆虫高清数字绘图训练 [M]. 北京：中国农业科学技术出版社. 2023.

[8] 范滋德. 中国常见蝇类检索表 [M].2 版. 北京：科学出版社，1992.

[9] 冯澄如. 生物绘图法 [M]. 北京：科学出版社，1959.

[10] 国际生物科学协会. 国际动物命名法规 [M].4 版. 卜文俊，郑乐怡，译. 北京：科学出版社，2007.

[11] 李琦，李明，曾嶒，等. 昆虫科学画钢笔技法 [M]. 北京：中国农业出版社，2007.

[12] 李文柱. 中国观赏甲虫图鉴 [M]. 北京：中国青年出版社，2017.

[13] 李正跃，阿尔蒂尔瑞，朱有勇. 生物多样性与害虫综合治理 [M]. 北京：科学出版社，2009.

[14] 娄国强，吕文彦. 昆虫研究技术 [M]. 成都：西南交通大学出版社，2006.

[15] 青社. 约绘爱丽丝：水彩绘本 SAI 出来 [M]. 武汉：湖北美术出版社，2015.

[16] 全国人民代表大会常务委员会. 中华人民共和国著作权法（最新修正本）[M]. 北京：

中国民主法制出版社，2020.

[17] 上海新闻出版教育培训中心 . 互联网环境下传统出版的版权保护和版权贸易 [M]. 上
海：上海人民出版社，2018.

[18] 桑卡，赫拉瓦卡，搏伊尔 . 图像处理、分析与机器视觉 [M].4 版 . 兴军亮，艾海舟，译 . 北
京：清华大学出版社，2016.

[19] 宋军，汪振泽，肖康亮，等 .Easy PaintTool SAI 中文全彩铂金版绘画设计案例教程 [M].
北京：中国青年出版社，2020.

[20] 张春田 . 东北地区寄蝇科昆虫 [M]. 北京：科学出版社，2016.

[21] 赵惠燕，胡祖庆 . 昆虫研究方法 [M].2 版 . 北京：科学出版社，2021.

[22] 周尧 . 周尧昆虫图集 [M]. 河南：河南科学技术出版社，2002.

[23] 王晓凌，寇太记，张有福 . 植物识别鉴定和生物绘图 [M]. 西安：陕西人民出版社，
2008.

[24] 威廉 . 休伊森手绘蝶类图谱 [M]. 寿建新，王新国，译 . 北京：北京大学出版社，
2016.

[25] 薛万琦，赵建铭 . 中国蝇类 [M]. 沈阳：辽宁科学技术出版社，1996.

[26] BRISCOE M H. A Researcher's Guide to Scientific and Medical Illustrations[M]. New
York：Springer-Verlag，1990.

[27] HAMMOND P. Global Biodiversity：Status of the Earth's Living Resources: A Report
Comliled by the World Conservation Monitoring Centre[M]. London：Chapman and
Hall，1992.

[28] 曹海燕，周建理 . 计算机辅助绘图在药用植物科学绘画中的应用 [J]. 安徽中医药大学
学报，2012，31（2）：59–60.

[29] 崔俊芝，葛斯琴 . 图像处理软件 Adobe Photoshop 和 Adobe Illustrator 在昆虫绘图及图
像处理中的应用 [J]. 应用昆虫学报，2012，49（5）：1406–1411.

[30] 董文彬，崔建新 . 一种新的昆虫黑白点线图数字绘图方法 [J]. 应用昆虫学报，2019，
56（5）：1108–1114.

[31] 李丹，董文彬，贾文英，等 . 使用数字绘图方法绘制透翅毛瓣寄蝇彩图 [J]. 应用昆虫
学报，2020，57（3）：759–766.

[32] 刘珍，姜吉刚，刘良国 . 绘图在昆虫学相关课程实验教学中的应用 [J]. 安徽农学通报，
2021，27（14）：189–191.

[33] 区伟乾 . 生物图绘制法 [J]. 动物学杂志，1957（3）：179–182.

[34] 潘鹏亮，尹健，刘红敏，等 . 植物保护专业开设《昆虫绘图技术》的可行性分析 [J]. 农技服务，2020，37（1）：109–110.

[35] 区伟乾 . 生物图绘制法（续）[J]. 动物学杂志，1957（4）：241–245.

[36] 孙英宝 . 植物科学绘画中墨线图的绘画方法 [J]. 广西植物，2012，32（2）：173–178.

[37] 孙英宝，胡宗刚，马履一，等 . 冯澄如与生物绘图 [J]. 广西植物，2010，30（2）：152–154.

[38] 孙英宝，马履一，覃海宁 . 中国植物科学画小史 [J]. 植物分类学报，2008（5）：772–784.

[39] 汤新坤，葛兵，安亚超 . 数字产品版权智能交易技术发展研究 [J]. 广播电视信息，2022，29（10）：23–25.

[40] 王思宇 . 不可"言传"的科学史：科学绘画的本质与功能 [J]. 自然博物，2016，3（0）：9–15.

[41] 徐小安，刘涛，康哲，等 . 绘图软件 CorelDRAW12 在昆虫绘图中的应用初探 [J]. 贵阳医学院学报，2007，32（1）：104–105.

[42] 曾亚纯 . 生物绘图技术在医学昆虫制图中的应用技巧 [J]. 贵阳医学院学报，2005（5）：471–472.

[43] 张爱兵，杨亲二，蒂兰德，等 . 新版国际植物命名法规（维也纳法规）中的变化 .[J] 植物分类学报，2007（2）：251–255.

[44] BOBER S，RIEHL T. Adding Depth to Line Artwork by Digital Stippling-a Step-by-step Guide to The Method[J]. Organisms Diversity and Evolution，2014，14（3）：327–337.

[45] BOUCK L，THISTLE D. A Computer-assisted Method For Producing Illustrations For Taxonomic Descriptions[J]. Vie et Milieu-life And Environment，1999，49（2/3）：101–105.

[46] COLEMAN O C. "Digital inking"：How to Make Perfect Line Drawings on Computers[J]. Organisms Diversity and Evolution，2003，3（4）：303–304.

[47] COLEMAN O C. Substituting Time-consuming Pencil Drawings in Arthropod Taxonomy Using Stacks of Digital Photographs[J]. Zootaxa，2006，1360（1360）：61–68.

[48] COLEMAN O C. Drawing Setae The Digital Way[J]. Zoosystematics and Evolution，2009，85（2）：305–310.

[49] COSTELLO M J，May R M，STORK N E. Can We Name Earth's Species Before They Go Extinct？ [J]. Science，2013，339（6118）：413–416.

[50] DOLPHIN K，QUICKE D L. Estimating the Global Species Richness of An Incompletely Described Taxon：An Example Using Parasitoid Wasps（Hymenoptera: Braconidae）[J]. The Biological Journal of the Linnean Society，2001（73）：279–286.

[51] FISHER J R，DOLING A P. Modern Methods and Technology for Doing Classical Taxonomy[J]. Acarologia，2010，50（3）：395–409.

[52] HAMILTON A，NOVOTNY V，WATERS E，et al. Estimating Global Arthropod Species Richness：Refining Probabilistic Models Using Probability Bounds Analysis[J]. Oecologia，2013，171（2）：357–365.

[53] HOLZENTAL R W. Digital Illustration of Insects[J]. American Entomologist，2008，54（4）：218–221.

[54] MONTESANTO G. A Fast GNU Method to Draw Accurate Scientific Illustrations for Taxonomy[J]. Zookeys，2015，515（515）：191–206.

[55] MORA C，TITTENSOR D P，Adl S，et al. How Many Species are There on Earth and in the Ocean？[J]. PLOS Biology，2011，9（8）：e1001127.

[56] MORA C，ROLLO A，TITTENSOR D P. Comment on "Can We Name Earth's Species Before They Go Extinct？"[J]. Science，2013，341（6143）：237.

[57] PURVIS，HECTOR. Getting the Measure of Biodiversity[J]. Nature，2000，405（6783）：212–217.

[58] SIDORCHUK E A，VORONTSOV D D. Computer-aided drawing system-Substitute for Camera Lucida [J]. Acarologia，2014，54（2）：229–239.

[59] STORK N E. How Many Species of Insects and Other Terrestrial Arthropods Are There on Earth？[J]. Annual Review of Entomology，2018，63（1）：31–45.

[60] STORK N E，GASTON K J. Counting Species One by One[J]. New Scientist，1990，127（1729）：43–47.

[61] STORK N E，GELY C，HAMILTON A J，et al. New Approaches Narrow Global Species Estimates for Beetles，Insects，and Terrestrial Arthropods[J]. Proceedings of the National Academy of Sciences of the United States of America，2015，112（24）：7519–7523.

[62] TERESHKIN A M.Methodology of A Scientific Drawings Preparation in Entomology on Example of Ichneumon Flies（Hymenoptera，Ichneumonidae）[J]. Euroasian Entomological Journals，2008，7（1）：1–9.

[63] TERESHKIN A M.Illustrated Key to The Tribes of Subfamilia Ichneumoninae and Genera

of The Tribe Platylabini of World Fauna （Hymenoptera，Ichneumonidae）[J]. Linzer biologische Beiträge，2009，41（2）：1317–1608.

[64] TSCHORSNIG H P. Preliminary Host Catalogue of Palaearctic Tachinidae （Diptera）[J]. The Tachinid Times，2017（30）：1–480.

后　记

本书得以顺利出版需要感谢河南科技学院教师教育课程改革研究项目"生物数字绘图技术在中小学科学教育实践中的应用"项目和河南省自然科学基金项目（232300420024）的支持，还要感谢信阳生态研究院开放基金项目（2023XYQN08）和信阳农林学院高水平科研孵化器建设基金项目（FCL202102）的资助以及中国林科院中央级公益性科研院所基本科研业务费专项资金项目"中国森林生物标本信息系统平台续建"（CAFYBB2020ZD001）的资助。

本书绘制的轮刺猎蝽的科学学名为 Scipinia horrida，广泛分布于我国河南省南部及其以南的东亚地区及东南亚地区，在甘肃文县也有分布记载，最远在印度尼西亚也有发现。这种天敌昆虫以小型昆虫及其他节肢动物为食，生活在山地丘陵灌木丛中，生物学习性尚不清晰。

我国的天敌昆虫资源非常丰富，但许多种类的生物学资料很不完善，形成这种昆虫资源家底不清的历史原因比较复杂，其中很重要的一个原因就是中文名称和科学学名的衔接问题。目前有中文规范名称的昆虫种类还仅限于我国的已知昆虫种类和部分国外有重要经济和医学价值的昆虫种类。昆虫的中文名称一般由 2~8 个汉字组成，和国际上通行的科学学名很不一致。这种不一致引发的后果是昆虫的中文名称不能与国际上通行的科学学名命名规则充分衔接。实际上，国际同行的科学学名是按照一套命名规则进行命名，如果后人发现前人命名的谬误，可以建议废除（定为异名）。如果再有后人发现已经废除的学名是正确的，还可以恢复以前废除的学名（恢复"异名"为正常科学学名）。发现重名的情况时，则以论文发表的年代先后，优先使用发表年代较早的学名，这一规则也叫优先律。通常，国际上的昆虫科学学名是 2 个独立的单词，如 Scipinia horrida（轮刺猎蝽，Scipinia 为属名，horrida 为种名），属名和种名发生谬误可以分别废除或调整，也都可以在发现谬误后进行修正。所有这些命名和修正行为都要在科技论文或著作中公开发表或出版才会得到承认。除了天敌昆虫，还有许多农林害虫、传粉昆虫、资源昆虫、卫生害虫、检疫昆虫等的辨识困难都和昆虫在我国的中文名称与国际上通行的科学学名在命名规则上的不协调有关。

制约我国昆虫科研和科普水平的另一方面就是模式标本信息和定名标本信息交流的困难。很多昆虫分类专家都很难有机会去国内外各种昆虫模式标本的储藏机构去核查标本，普通读者自不待言。如果通过数字彩色绘图技术对重要模式标本及定名标本进行科学绘图并利用互联网平台向公众发布，无疑会对我国的昆虫研究及科普工作产生巨大的推动作用。同时引入一个类似"优先律"的办法保护有效的中文属名和中文种名，可以考虑在中文属名和中文种名中间加一个连字符"-"或其他字符以示区别。或者如有可能，强制规定任何有效中文学名的发布都必须有一个对应的高清数字彩色绘图。如此，我国的昆虫家底就可以彻底摸清，这对于我国开发昆虫这类战略生物资源是极其必要的。

目前，我国的显微镜和数字成像技术已经非常成熟，且价格低廉，已经具备了向大中小学生全面普及的条件，热烈地期望有识之士来推动昆虫的数字绘图技术的普及工作。谨以此书抛砖引玉，期待有更好的介绍昆虫彩色数字绘图的作品问世。